国家自然科学基金面上项目(51574226)资助

六盘水师范学院院士工作站(黔科合平台人才-YSZ〔2021〕001)资助

2022年度贵州省知识产权战略研究计划项目(黔知战略〔2022〕10)资助

煤巷锚杆锚固力演化机理
与支护技术

郑西贵　刘灿灿　田唯标　严　凯　舒　生　著

U0337898

中国矿业大学出版社

·徐州·

内 容 简 介

本书分析了当前锚杆(索)支护现状及存在的问题,研究了锚杆初始托锚力及其转换机制,锚杆工作托锚力形成机理、影响因素和实测规律,锚杆托锚力长时稳定控制技术,在三种典型地质条件下进行了了工程验证。本书可供从事采矿工程领域的科研人员和工程技术人员参考使用。

图书在版编目(C I P)数据

煤巷锚杆锚固力演化机理与支护技术/郑西贵等著.
—徐州:中国矿业大学出版社,2023.1
ISBN 978 - 7 - 5646 - 5701 - 7

Ⅰ. ①煤… Ⅱ. ①郑… Ⅲ. ①煤巷—锚杆—锚固②煤巷—锚杆—巷道支护 Ⅳ. ①TD353

国家版本馆 CIP 数据核字(2023)第 002590 号

书 名	煤巷锚杆锚固力演化机理与支护技术
著 者	郑西贵 刘灿灿 田唯标 严 凯 舒 生
责任编辑	于世连
出版发行	中国矿业大学出版社有限责任公司
	(江苏省徐州市解放南路 邮编 221008)
营销热线	(0516)83885370 83884103
出版服务	(0516)83995789 83884920
网 址	http://www.cumtp.com E-mail:cumtpvip@cumtp.com
印 刷	徐州中矿大印发科技有限公司
开 本	787 mm×1092 mm 1/16 印张 8.75 字数 163 千字
版次印次	2023 年 1 月第 1 版 2023 年 1 月第 1 次印刷
定 价	50.00 元

(图书出现印装质量问题,本社负责调换)

前　言

中国是世界煤炭第一生产大国。2021年,中国煤炭产量达到41.3亿t,其中,井工开采的煤炭量占到总量的90%以上。许多矿井开拓了大量巷道。受煤炭赋存条件、开采强度和锚固作用载荷传递机理和锚固材料等因素影响,部分矿区的锚杆支护效果较差,因锚杆支护系统失效造成的顶板安全事故时有发生。每年矿井顶板事故的起数占煤矿事故总起数的60%以上。大量实践表明,托锚力是预应力锚固系统的核心。较低的托锚力难以在巷道掘进初期控制围岩的变形、更难以维护掘进稳定后围岩持续变形。目前,托锚力对巷道围岩变形的适应性和掘采全过程中呈现出的波动现象和机理鲜有研究。

针对煤矿巷道预应力锚固技术,本书采用理论分析、实验室试验、数值计算、现场实测等综合研究手段,系统研究了初始托锚力与预紧力矩的转换关系,提出了临界预紧力矩的概念;分析了托锚力在掘采过程中的波动演化特征和影响因素,揭示了托锚力在围岩变形破坏过程中的演化机理;提出了协同承载原理,创新了稳定托锚力的技术方法,并开展了工程实践验证研究；为高应力复杂地质条件下巷道围岩控制提供了理论支撑。

本书得到了国家自然科学基金面上项目(51574226)、六盘水师范学院院士工作站项目资助(黔科合平台人才-YSZ[2021]001)和2022年度贵州省知识产权战略研究计划项目——"双碳"目标下贵州省煤炭行业知识产权瓶颈及对策研究(黔知战略[2022]10)的资助。

由于作者水平有限，书中不妥之处在所难免，恳请有关专家、学者批评指正。

作　者

2022 年 12 月

目　　录

第 1 章　绪论 ……………………………………………………… 1
　1.1　研究意义 ……………………………………………………… 1
　1.2　研究现状 ……………………………………………………… 2
　1.3　存在的主要问题 …………………………………………… 10
　1.4　研究内容和方法 …………………………………………… 10

第 2 章　锚杆初始托锚力及其转换机制研究 …………………… 13
　2.1　锚杆托锚力损耗与围岩控制失效关系分析 ……………… 13
　2.2　锚杆初始托锚力与临界预紧力矩转换机制研究 ………… 16
　2.3　锚杆初始托锚力受不同煤岩界面影响分析 ……………… 23
　2.4　锚杆托锚力沿其轴向应力分布研究 ……………………… 27
　2.5　本章小结 …………………………………………………… 34

第 3 章　锚杆工作托锚力形成机理、影响因素和实测规律分析 … 36
　3.1　锚杆工作托锚力在层状岩体中形成机理研究 …………… 36
　3.2　锚杆工作托锚力关键影响因素分析 ……………………… 46
　3.3　锚杆工作托锚力实测类型分析 …………………………… 62
　3.4　本章小结 …………………………………………………… 77

第 4 章　锚杆托锚力长时稳定控制技术研究 …………………… 78
　4.1　锚杆预应力锚固协同承载技术发展概况 ………………… 78
　4.2　锚杆群锚协同承载提高托锚力机制研究 ………………… 80
　4.3　锚杆锚索协同承载稳定托锚力机制研究 ………………… 83
　4.4　锚杆锚固性能对协同承载效果影响分析 ………………… 91
　4.5　锚杆托锚力长时稳定围岩控制体系详述 ………………… 95
　4.6　锚杆托锚力长时稳定矿压监测技术研究 ………………… 101
　4.7　本章小结 …………………………………………………… 103

第 5 章　典型工程案例应用分析 ······················· 104

　　5.1　深井强采动沿空留巷托锚力协同承载技术应用示例 ··········· 104

　　5.2　深井静压井硐托锚力长时稳定控制技术应用示例 ··········· 110

　　5.3　深井小煤柱沿空掘巷帮顶协同承载技术应用示例 ··········· 116

　　5.4　本章小结 ······················· 121

参考文献 ······················· 122

第1章 绪 论

1.1 研究意义

中国是世界煤炭第一生产大国。2021年,中国煤炭产量达到41.3亿吨[1]。2011年以来,中国历年的煤炭产量,如图1-1所示[2]。其中井工开采的煤炭量占到90%以上[3-4]。工人开凿了大量巷道工程。80%以上的巷道采用锚杆支护。其中较先进的锚杆支护技术是预应力树脂锚固技术。预应力锚固主动支护技术在"支护-围岩"相互作用关系中既能够起到"支"的作用,又能够起到"护"的作用,从而在煤矿中得到大量发展和使用。

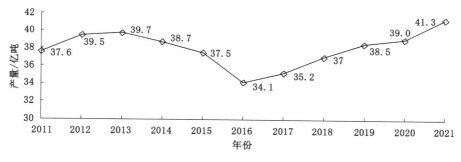

图1-1 2011—2021年全国煤炭产量统计

中国自1956年开始进行锚杆支护应用与机理研究。通过科研攻关,锚杆支护体系不断发展,锚喷、锚网索、锚架等技术相继实施。科研工作者对锚杆托力和预紧力的作用认知水平也不断提高。初始的零预紧力逐步被淘汰,而对预紧力的要求逐步提高。1995年,中国引进了澳大利亚全长树脂锚固锚杆支护技术和小孔径锚索支护方法。自2000年以来,结合松软、复合顶板等典型条件形成了"高预紧力、高强度和系统高刚度"的"三高"锚杆强化控制技术。中国主要煤矿已完成了架棚支护向锚杆支护转变的历史性过程。据煤炭工业协会统计,1990年我国国有重点煤矿煤巷锚杆支护所占比例仅有5%。目前,我国煤巷锚杆支护率平均达到 75%，有些矿区的超过了 90%，甚至达到了 100%。我国学者提出"煤巷支护锚杆化矿井"建设的新思路[5]。

多数矿区的巷道锚固控制效果较好，能够满足回采和安全的需要，但受煤炭赋存条件、开采强度和锚固作用载荷传递机理和锚固材料等因素影响，部分矿区的锚杆支护效果较差，巷道围岩收敛量超过数百毫米或断面收敛率超过 50%，需要二次扩刷。甚至一些矿区，因锚杆支护系统失效造成的顶板安全事故时有发生，每年顶板事故的起数占煤矿事故总起数的 60% 以上，其造成的死亡人数占到 1/3。大量实践表明，托锚力是预应力锚固系统的核心。较低的托锚力难以在巷道掘进初期控制围岩的变形，更难以维护掘进稳定后围岩持续变形。托锚力对巷道围岩变形的适应性和掘采全过程中呈现出的波动现象和机理鲜有研究。

因此，揭示层状复杂岩体在采动应力剧烈影响环境中的锚固效能传递和破坏失效机理十分重要。建立以托锚力监测为巷道顶板安全指标的监测系统，可为我国煤矿巷道围岩控制和安全生产提供重大理论支持和技术支撑。

1.2 研究现状

1.2.1 经典锚固理论综述

（1）托锚力的概念及与预紧力的关系

人们很早就认识到了锚杆锚固力的作用，推导了端锚、全长锚等锚固方式的应力传递公式，采用数值计算手段分析了不同锚固形式下围岩应力场分布特征，对围岩控制的支护参数取值和相关影响因素进行了大量研究[6,7]。但锚杆支护体系中"支护-围岩"的作用关系比棚式支架的要复杂得多。以锚固力定义[8]为例，国家标准中将锚固力定义为锚杆对围岩的约束力。在实践应用中，大都以抗拉拔力作为锚固力，此种方法简易便行。但国内外大量学者已经撰文指出了抗拔力与锚固力的区别。破坏性试验时获得的拉拔力应为锚固体系所能承载的名义最大力，但远非支护系统实际工作状态的锚固力。

参照陆士良等[9-10]划分锚固力的方式，一种是按照锚杆对围岩的稳定作用将锚固力划分为沿锚杆径向的托锚力和黏锚力。托盘、钢带等护表构件阻止围岩向巷道内位移，对围岩施加径向支护力，这种来自托盘使围岩稳定的力称为托锚力。另一种是根据锚固力的发展将其划分为初始锚固力、工作锚固力和残余锚固力。托锚力与之相对应也有初始托锚力、工作托锚力和残余托锚力三种状态。

对于锚杆而言,初始托锚力的形成主要依靠拧紧螺母而产生的。锚索系统为张拉预紧获得托锚力。显然初始托锚力与预紧力两者是相互统一的。在加扭或张拉过程中,随施加外载的增大和黏结段的相互作用,托锚力随之增大;加载结束后形成了初始托锚力的最大值;其后锚固体系进入了工作状态,托锚力演化为工作托锚力,此后托锚力的演化与锚固段黏结性能、力学传递机制及围岩变形和采动应力等因素有关[11]。

从锚固的形式来看,树脂锚固经历了端锚、全长锚固和加长锚固三个典型阶段。本书的研究对象均为加长锚固类型。与水利水电或桥梁工程中的预应力锚固不同,在煤矿预应力锚固体系中无论锚杆或锚索,多采用一孔一杆或一索的单束锚固;锚杆、锚索的预应力总值亦较前者要小得多,兆牛或数十兆牛的预应力锚固在水利水电工程较为常见[12-14]。煤矿支护的预应力远小于水利水电或桥梁工程中的。以直径 21.6 mm 矿用锚索的设计张拉值为例,其承载力不过454 kN。

(2)锚固支护概况及经典锚固理论

锚固技术在国内外的应用历史非常悠久。英国于 1872 年在北威尔士露天页岩矿首次使用锚杆支护;美国从 1910 年开始在阿伯施莱辛的弗里登斯煤矿使用锚杆支护;20 世纪四五十年代,锚杆大范围成功应用引起世界各国的重视和推广。自 1990 年以来,锚杆支护几乎达到百分之百。德国 1912 年首先在谢列兹矿井下巷道采用锚杆支护,自 1980 年以来,结合 U 形钢支护,其锚杆技术已经在千米深井中得到应用。法国、英国和日本的煤巷锚杆支护均在 50% 以上。澳大利亚通过对锚杆技术升级后,提升了支护技术的档次,目前基本上均采用锚杆支护技术[15-21]。

煤矿中预应力锚固体系的协同承载一般靠锚杆、锚索、托盘、钢带和网等工程材料实现。其中矿用锚杆与锚索,两者既有区别,又有相同之处。从材料的类别来看,煤矿锚杆多采用各种型钢材(如圆钢和螺纹钢等[22-23]),甚至使用竹、木材或水泥料制成的锚杆。目前深井开采中以无纵筋带肋热轧钢筋制成的锚杆使用最为广泛[24-25]。矿用锚索[26-27]多采用各种形式的钢绞线,其直径有 15.24 mm、17.8 mm、18.6 mm 和 21.8 mm 等规格。在深井开采中多采用直径 21.8 mm 的锚索,也有部分矿井正在进行直径 28.6 mm 的锚索的试验研究工作。煤矿预应力锚固的锚固剂多采用树脂药卷、水泥药卷等[28]。根据锚固剂凝胶时间可以将其分为超快、快速、中速和慢速等几种。目前普遍采用的锚固剂为树脂药卷。

除煤矿外,国内外岩土锚固技术在理论、技术及工程应用方面都取得了快速发展。根据现场的失败和成功经验,并结合室内的模型试验研究,学者们对锚杆锚固的机理先后提出了以下多种理论。这些理论归纳起来可以分为 3 大类:一是基于锚杆有悬吊作用而提出的悬吊理论、减跨理论等[29];二是基于锚杆的挤压、加固而提出的组合梁理论、组合拱理论以及楔固理论等[30];三是综合锚杆的各种作用而提出的锚固体强度强化理论、锚注理论、松动圈理论、最大水平应力理论以及锚杆桁架理论等[31-35]。实际上对于悬吊理论,锚杆托锚力是承载的关键着力点;对于组合梁理论,托锚力是实现对锚固体施加二维紧固力的根本要素;在其他各种理论中,托锚力丧失或较低,均难以起到有效约束围岩变形的基本作用。煤矿进入深部开采后托锚力的作用和意义更加重要,持续稳定的托锚力对巷道顶板安全更为重要。

（3）锚固段黏结应力和托锚力的荷载传递机理

锚固段黏结应力的传递与托锚力相互作用共同构成了支护系统的稳定。在煤系地层中受采动应力等因素影响,黏结段易发生脱黏,黏结力和托锚力均随之降低,整个锚固系统会进入再平衡的发展过程。在此过程中,工作托锚力的损耗程度和类别与锚固段脱黏破坏的形式密切相关。因此必须研究黏结段的荷载传递机理和层状岩体的力学特性。

预应力树脂锚固体系由三种不同性质的材料和两个界面组成。三种材料分别是锚杆体、黏结体（即树脂药卷）和煤岩体,两个界面分别为杆体与黏结体组成的第1界面,黏结体和煤岩体形成的第2界面。当前,制作锚杆的钢筋多为带肋钢筋。锚杆受力时,除了黏结力能提供较大程度的摩擦阻力外,黏结体与煤岩体除岩石原生的裂隙等空洞外,能够提供的摩擦阻力较小。

Farmer（法梅尔）[36]发现第2界面的剪应力沿锚固段呈指数形式衰减。Freeman（福里曼）[37]通过对全长锚固拉拔试验中锚杆受载荷过程及沿锚杆轴向应力分布的观测,提出了中性点、锚固长度和拉拔长度的概念。Stillborg（斯蒂尔博格）[38]改进了锚固节理岩体的拉拔试验,并研究了比传统拉拔试验更准确的力学条件来模拟工程实际情况。Bjurstrom（比尤斯卓姆）[39]首次对锚杆抗剪切性能进行了系统研究,发现全长黏结时锚杆倾斜安装可以获得更大的剪应力,也可以提高节理面在较小位移下的剪切强度。Haas（哈斯）[40]通过对树脂灌浆锚固的石灰岩进行剪切试验,发现全长黏结锚杆比端头锚固锚杆更稳定,倾斜锚杆比垂直锚杆更有利于增强锚固岩块的抗剪能力。Dight（迪格特）[41]用不同材料测定节理面的抗剪强度,发现锚杆通过剪应力与拉应力来承受荷载,锚杆的位移量与围岩的力学特性有关。

关于层状岩体锚固段荷载传递机理的研究由来已久[42]。1983年,Egger（爱格）等[43]将锚杆锚固的混凝土试块在高压下进行剪切试验,发现当锚杆的安装角在40°~50°之间时,锚固体发生破坏时剪切位移是最小的。1991年,爱格等[44]进一步提出,利用锚杆加固的节理可以增加其抗剪强度并且减小其变形,锚杆在节理面附近有较大变形,破坏面通常由过大剪力或者拉力引起。1996年,Pellet(佩莱)等[45]认为锚固节理岩体发生破坏时,其位移会与锚杆和节理面之间的夹角呈正比关系,围岩力学特性与剪切位移紧密相关。Li(李)等[46]通过拉拔试验,认为:锚杆加固节理岩体的抗剪强度主要包括黏聚力、机械咬合力以及摩擦力三部分;当全长注浆锚杆受拉时,破坏首先在注浆体与岩体之间或者锚杆与注浆体之间的薄弱面上产生。Hihino(日比诺)等[47]采用全长黏结锚杆锚固体进行剪切试验,通过与端头锚固比较,发现全长黏结锚杆的抗剪强度要高于端头锚固的锚杆的。Schubert(舒伯特)[48]通过锚杆锚固体进行剪切试验,提出围岩的力学特性对锚杆锚固力的重要性。Mchugh(麦克休)等[49]做了一系列试验来研究锚杆的剪切破坏形态,指出锚杆的预应力对提高节理的抗剪强度作用不大。

陈虎等[50]构建了复合顶板临界锚固长度计算模型,认为随着直接顶厚度增加,临界锚固长度变长。尤春安等[51-56]通过理论分析导出了全长黏结式锚杆受力的弹性解,并进行了大量的试验研究,获得了锚杆在拉拔条件下沿锚杆轴向的正应力和剪应力分布规律以及随荷载增大的演化过程。周炳生等[57-58]建立无限长锚体界面的位移、轴力以及剪切应力的求解公式,发现:剪应力单峰曲线的峰值随锚固深度增加而增大。张根宝[59]进行了不同含水条件下锚杆长短期拉拔试验,得到了锚固界面在不同含水量下的界面剪切模型和剪切蠕变模型以及界面长短期强度。邓亮等[60]采用简化的二维剪切模型开展了常法向刚度剪切试验,研究肋间距和法向刚度对杆体-树脂界面力学演化规律的影响,认为在实际工程中可根据围岩弹性模量选择选取适合的锚杆肋间距参数。

郑卫锋等[61]基于凯尔文问题的位移解,推导了用于深基坑支护中的预应力锚杆锚固段剪应力与轴力的分布规律。

姚强岭等[62]通过实验室测试研究了螺纹钢锚杆不同锚固长度条件下锚固段剪应力和轴力沿锚固底部方向的变化规律,发现:随着锚固长度增加,锚固界面发生破坏的阈值变大,锚固段内对于外载荷的响应范围增加,峰值剪应力增大,峰值轴力与锚固长度大小无关。

张季如等[63]假定锚固体与锚杆周围岩体的剪切位移与剪力呈线性增加关系,建立了锚杆荷载传递的双曲函数模型,获得了锚杆摩擦阻力和剪切位移沿锚固长度的分布规律及其影响因素。

高凤伟[64]通过采用实验室测试、现场测试的方法,明确了赵庄煤矿地应力分布特征、软岩互层顶板的结构特征和强度特性等地质力学特征,提出了全断面高预紧力锚索支护技术,采用数值模拟方法确定了锚索的最佳支护参数,有效解决了赵庄煤矿采掘接续紧张问题。

以上所述研究多针对锚固体,尤其是针对煤岩体或岩土。

(4)托锚力与开采深度和层状岩体稳定的关系

受浅部资源衰竭和需求量剧增的双重影响,煤矿开采正快速向深部下延。近10年来,煤矿开采深度增加了100～250 m,其平均下延速度8～15 m/a。我国东部地区煤矿开采深度增加达到10～15 m/a。采深大于1 000 m的矿井已有47处[65-67]。我国最大采深的煤矿为山东新汶孙村矿,其采深1 500 m,是亚洲第一深井[68]。作为煤炭资源开采的咽喉和瓶颈,巷道围岩控制必须作为首先解决的科学问题。深部巷道开挖后,采用锚杆支护可以快速调动围岩的自承能力,改善浅部围岩的应力环境。通过围岩表面施加托锚力使之由二向受力状态向三向受力状态转变。

虽然目前我国关于煤矿深部开采的概念尚无定论,谢和平[69]认为考虑巷道变形控制因素的极限深度为1 400～1 500 m;钱七虎[70]、李术才[71]、何满潮[72]等认为临界开采深度为700～1 000 m,在此深度范围内巷道围岩的分区破裂化现象十分突出,但仍处于定性分析阶段。邹喜正[73]从理论计算和实测两方面对我国巷道极限深度问题进行了深入研究,提出了我国目前各类巷道的极限深度及相应参数。

英国和波兰煤矿把深部开采深度定为750 m、日本的定为600 m、苏联的定为800 m、德国的定为800～1 200 m[74-77]。巷道围岩控制多以重型U形钢可缩式支架和锚固联合支护为主。巷道围岩控制过程中表现出"高温、高地压、高渗透压和高瓦斯"以及强烈的开采扰动等一系列科学难题。巷道围岩控制的难度成倍增加,锚固系统的托锚力要求更高和更为稳定[78-85]。

仅从地应力角度考虑,800 m以下的深部巷道围岩控制对托锚力的要求就已经达到20 MPa以上。一般情况下,按照$\sigma_h = \sigma_v = \gamma H$(式中$\sigma_h$为水平应力;$\sigma_v$为垂直应力;$\gamma$为岩层容重;$H$为埋藏深度)[86]估算铅直应力。蔡美峰等[87-88]分别采用水压致裂法和空心包体应力解除法,实测了800～1 000 m埋藏深度的铅直应力,虽然具体工程区域应力水平状况与γH有所出入,但相差不大。以800 m埋深为例,要将巷道开挖后的三向应力稳定为20 MPa左右,采用预应力锚固控制围岩对托锚力的要求自然极高,其实现方式也亟待突破。

煤矿中开掘的井巷工程90%以上位于煤系沉积岩地层中。受成岩作用等因素的影响,层理是此类岩石的特征之一[89]。分层的厚度对岩体的力学性质影响十分明显,对巷道围岩的稳定、支护方式的选择和参数的确定有决定性影响[90-91]。

鲜学福等[92-93]从岩石的强度及其特性等入手,详细分析了层间是否有黏结力的层状岩体的应力应变以及层理对岩体强度的影响,探讨了层状岩体的宏观强度及其当量物理力学性质,深入研究了宏观热膨胀应力、微观热膨胀应力、湿膨胀效应以及岩体孔隙、水、气体和瓦斯等对层状岩体强度的影响,建立了岩石力学中的线弹性模型、弹塑性模型、变弹性常数模型、帽盖模型、德赛模型和不连续岩体模型,还对圆形、椭圆形、矩形和拱形巷道的围岩及其稳定性进行了塑性区半径和位移的求解,给出了井巷的变形地压和松动地压等参数的计算准则,提出了巷道维护和锚喷支护的计算与设计方法,对空场法、充填法等不同采矿方法引起的矿山压力及其应用进行了研究。

钱七虎[94]对矿业工程领域的岩石工程方面的煤矿巷道锚杆支护理论、锚杆支护动态信息设计法与软件、高强度树脂锚杆与锚索支护材料、锚杆钻机与快速施工技术、矿压监测仪器及技术、锚杆与注浆联合加固技术、深部开采等复杂困难条件下巷道支护技术以及低透气性煤层群无煤柱煤与瓦斯共采技术进行了全面阐述。

朱浮声等[95]通过了非线性弹性模型受限制使用的原因、莫尔-库伦准则和德鲁克-普拉格准则在岩土力学分析中的优缺点,并研究了岩石、岩体和土体的强度理论和本构关系的相似与区别,详述了岩石强度理论和本构关系的发展和现状。对于分层厚度及力学性质随机变化的较一般情况,他们从等效模型概念出发,将层状岩体简化为等效横观各向同性体,给出了模拟岩体的不连续面的等效岩体模型层理单元的表述,并提出了一套完整的边界元算法[96]。

杨仁树[97]、王旭一[98]、张冬冬[99]等通过室内试验和数值模拟研究,分析了层状岩体单轴压缩情况下的应力应变响应以及强度特征和层状岩体抗压强度的层面效应等。

杨松林等[100]将加锚层状岩体作为等效连续介质,推导了加锚层状岩体的本构方程,考虑了层理的剪胀扩容现象和锚杆作用,设计了能够对层理岩体中锚杆的加固作用做出合理的定量评价的新模型。

闫永杰等[101]对隧道开挖过程的水平层状围岩顶板变形特征和机理进行了分析,认为:水平层状围岩在隧道顶板层面薄弱带附近由于不同弯曲沉降产生分离,形成离层;在水平岩层软硬相间,由于层间黏结力较差,隧道开挖后拱顶围岩稳定性较差,拱顶失稳概率较大;对于水平层状围岩地区,要做好塌方的预防和初期处理,并且应以预防为主。

邓荣贵等[102]通过利用模拟试验对层状岩体的变形特性和强度特性进行了研究,得到了模拟试样的变形模量和强度随试样所含层理数、轴向应力与层理面间的夹角和围压之间的变化关系。其研究结果表明:① 当最大主应力与层理面间的夹角由0°增加至90°时,试样的应力-应变全过程曲线形状存在显著差异。

② 层状岩体的变形模量在整体上遵循由大变小、再由小变大的变化趋势,其强度遵循三角函数变化规律。③ 当夹角为 0°、75°和 90°时,试样的破裂特性基本不受层理面的影响。其他夹角或含多条层理的试样的破裂面受层理面的影响较大,并且破裂面大部分沿层理面发育,形成与层理面同倾向的宏观破裂面。破裂面穿过层理间的基质层会形成剪胀性破裂带,该带的宽度受夹角大小和试样所含节理数的影响。

杨乐等[103]研究了 Cosserat 有限元等效模型,导出了模型的 Mohr-Coulomb 塑性屈服条件,并利用 Matlab 平台编制有限元程序,并对地下洞室工程进行了数值模拟,得出了 Matlab 的 Cosserat 有限元程序的有效性和解决互层岩体这类问题的适用性与优越性。

谢飞鸿等[104]采用 ANSYS 有限元计算模型对层状结构岩层巷道开挖施工进行了弹塑性二维分析,发现:巷道底板和煤帮中点位移随着巷道宽度的增加而增加,且其增加基本按照线性规律,其增加幅度比较平缓,即底板和煤帮中点的位移对巷道宽度的变化不敏感;对巷道上部层状顶板建立两端固支的力学模型,得到巷道顶板下沉的解析解,由此研究不同高跨比的围岩变形、应力变化模式和破坏特征。

刘立[105]研究了岩体工程中常见的层状岩体力学特性,尤其是层间结合状态和各亚层岩体的应力、应变及其他力学参数对层状岩体力学特性的影响。

巷道顶板锚固范围内的岩层一般为所采煤层的直接顶和老顶、泥岩或泥质砂岩薄层顶板、软硬相间的岩石互层复合顶板等。受岩层自重和开采扰动,岩层极易形成层间离层和锚固段的渐次脱黏失效,进而造成顶板突然失稳,最终导致安全事故。这就要求必须提供更高的托锚力和护表系统以增强锚固体的强度,提高围岩的自稳能力[106-108]。

1.2.2 预应力锚固协同承载控制综述

煤矿进入深部开采后,原先的由锚杆和网及梁联合支护已难以有效控制围岩的大变形。我国自 1996 年开始试验小孔径锚索支护,取得了有效的成果。其后大量学者对锚固协同承载的机理、协同支护的强度等进行了深入研究[109-111]。

龙景奎[112-113]、黄庆显[114]、刘刚[115]等基于现有支护理论和现场支护的实际条件,将协同学原理引入巷道支护设计,提出协同支护的思想,认为:锚杆、锚索协同支护研究以预应力为基础。高强锚杆必须与高预应力相结合,锚杆预应力必须与锚索预应力相匹配。只有它们之间相互合理匹配,才能使锚杆、锚索的个体作用达到最大,并产生协同支护的效果。对锚杆施加 40 kN 以上预紧力时,与锚索 140~160 kN 预紧力的协同性较好。为增强锚杆的主动支护作用,使锚杆达到 60 kN 以上预紧力,此时与锚索 180～200 kN 的预紧力产生较好的协同性。

何宗礼等[116]通过松动圈测试确定巷道顶板、底板及两帮的松动破坏范围,研究了深部复杂区域高应力破碎围岩锚网索的支护措施,选用预应力协同支护技术,有效控制了平十一矿的深部巷道围岩变形。

何满潮等[117]在现场工程调查、岩体矿物分析试验的基础之上,研究了膨胀性复合型软岩巷道的变形力学机制及支护对策,提出了首先采用锚网支护与表层围岩通过刚度、强度和结构的耦合形成一个整体的支护结构,然后通过锚索二次耦合支护调动深层围岩的强度及底角锚杆来限制岩层移动和避免岩体开挖之后的进一步破碎开裂,达到有效地控制围岩变形的效果。

孙晓明等[118]采用弹塑性空间有限元程序 2D -σ 进行了深部软岩巷道支护体与围岩相互耦合作用分析,发现:当锚杆与围岩在刚度上实现耦合时,能最大限度地发挥锚杆对围岩的加固作用;当锚网与围岩在强度上实现耦合时,将会使围岩的应力场和位移场趋于均匀化;当锚索与围岩在结构上耦合时,可以充分利用深部围岩强度来实现对浅部围岩的支护。

张镇等[119]在分析锚杆和锚索联合支护条件下施加预紧力时存在的问题的基础上,提出了锚杆、锚索联合支护的预应力协调问题,并采用有限差分数值计算软件 FLAC^{3D} 对锚杆(索)施加不同组合预紧力时围岩产生的应力场分布特征与规律进行了模拟分析,认为:合理的锚杆预紧力矩选择范围为 300～400 N·m,锚索预紧力选择在 200～300 kN 比较合理。

1.2.3 锚固支护安全监测监控综述

顶板事故是煤矿五大灾害事故之一。顶板的稳定与否一直是重点监测的对象。顶板事故多发生在采煤工作面和巷道。根据对监测的锚杆和支护体是否造成损伤,锚固效果和支护质量的监测可以分为无损监测和有损监测;根据监测数据获得的连续性,其可以分为断续监测和实时监测。根据评判顶板失稳状态指标的多寡,监测指标可以分为单一指标和复合指标。

李张明[120]、任智敏[121]、李义[122-123]、汪明武[124]、崔江余[125]和王猛[126]等基于分形维数和应力波测试了端锚、全长锚固和砂浆锚杆的锚固状态、锚固质量等参数。在煤矿中,应用最为普遍的加长锚固受自由段和锚固段受力状态不同等因素影响。基于声波的无损检测难以做到在线监测,这限制了该方法在煤矿现场的应用。

有损测试通过在锚杆杆体刻槽或对锚索抽丝加工成的测力锚杆或测力锚索可以实现对锚杆或锚索工作状况的监测。将光栅应变替代普通的应变片后制成光纤光栅测力锚杆,再结合光纤光缆传导系统,可以实现对锚固工作状况的实时在线监测。美国在1978年研制出了第1支光纤光栅[127]。1979年,美国国家航空航天局将光纤传感器埋入复合材料结构进行状态监测。重庆大学黄尚廉[128]领导的课题组最早开展了光纤传感技术在工程中应用。Heasley(希斯莱)[129]、冯仁俊[130]、柴敬[131]、信思金[132]、赵一鸣[133]等对光纤传感技术监测煤岩体变形和锚杆工况进行了深入的理论和试验研究。

传统的测力锚杆虽然能够反映锚杆支护-围岩的相互作用状况,但其采集数据主要靠人工定期进行间歇性记录,数据采集量少,分析过程长,难以做到实时监测。进行过此类研究的学者有侯朝炯[134]、张少华[135]、赵海云[136]、鞠文君[137-138]等。

煤矿现场针对锚固系统托锚力监测更为常用的仪器为测力计。测力计由表盘、压力枕和垫板组成,安设于钢带与螺母或锚具之间。水利水电工程、地下工程、人防工程大量采用测力计。但测力计属于人工读数采集数据的被动式测试仪器,难以实时反映锚固体系中托锚力实时波动演化状况。

1.3　存在的主要问题

综前所述,预应力树脂锚固技术在我国矿山、岩土、建筑、水利等多个行业已广泛使用,发挥了巨大的作用。为适应深井、层状岩体和不同开采强度、采动影响,形成了以高强、超高强预应力加长树脂锚杆类支护为主的复合支护形式,并联合喷注浆、锚索和架棚等方式进行加强支护,但仍存在如下急待解决的问题。

① 预应力锚固荷载传递机理的研究较为全面,但对层状岩体中的荷载传递、锚固失效、渐次脱黏等造成的恶性托锚力波动机理研究偏少。

② 在掘采全过程中托锚力实时监测工作偏少,需要研制新型托锚力在线监测仪器仪表,分析托锚力数值及托锚力速度的演化规律,并建立基于顶板锚固荷载、离层和下沉的耦合安全评判体系。

③ 进一步揭示预紧力矩和初始托锚力、锚杆轴力的作用关系,研究能够实现长时稳定托锚力的锚固手段和产品。

1.4　研究内容和方法

1.4.1　研究内容

围绕"托锚力波动演化机理及深井巷道围岩控制",以800 m埋深以上的巷道工程为研究对象,对动压巷道采动应力环境和锚固作用衰减机理,巷道矿压显现规律和加长锚固中托锚力波动演化类型以及影响因素和控制手段进行研究,预期在托锚力稳定和深井巷道围岩控制方面取得突破。

① 试验研究初始托锚力和预紧力矩的线性相互作用关系。通过现场实测岩石、煤层和喷浆后等不同巷道表面特征过程中初始托锚力与预紧力矩的非线性作用关系,提出临界力矩的概念,并对比分析影响两者之间的因素,以及在测试过程中初始托锚力与锚杆轴力的作用关系。

② 实测 $800\sim1\,000$ m 埋深巷道中预应力锚杆锚索自掘进、掘进稳定期间再至采动影响期间各阶段的托锚力实际数值,并同步研究深井原岩应力场与采动应力附加场、层状岩体的物理力学性能等锚固作用的环境影响因素,全面研究掘采全过程初始托锚力、工作托锚力和残余托锚力的波动演化类型和规律,以及托锚力波运速度的演化规律及影响因素。

③ 采用 $FLAC^{3D}$ 研究不同初始初托锚力锚杆与锚索协同承载机理;综合分析托锚力演化与巷道围岩协调变形的机理,揭示稳定型、跃升趋型、单一渐增型、缓增型等各种良性托锚力演化类型的机理;采用基于修正的剪切滞模型建立层状岩体预应力锚固在层状岩体中环境中的锚固段传力机制,揭示台阶瞬降型、振荡型、锯齿振荡型等托锚力恶性波动类型的机理;建立基于顶板锚固荷载、离层和下沉的耦合安全监测的指标判据,以及改良恶性型波动的方法和技术。

④ 将理论研究成果在淮南矿业集团潘一东矿 1252(1) 首采工作面轨道平巷、丁集煤矿 1252(1) 沿空掘巷轨道平巷和大屯矿区孔庄煤矿－1015 水平井底车场马头门进行应用。

1.4.2　研究方法

根据国内外研究现状的综述可知,单一手段只能对特定内容或指标进行分析,而目前最为流行和可行的研究方法多为综合研究手段。采用现场实测、实验室试验、数值模拟和理论推导的综合方法进行系统研究深井层状围岩预应力锚固中托锚力波动演化的机理及其控制。

① 研制“预应力锚固综合试验台”,研究常规系列锚杆在不同预紧力矩和煤岩界面的初始托锚力和预紧力矩的转换关系,研究扭矩系数在加扭过程中的演化规律,分析沿锚杆轴向的应力分布特征。

② 开发 YHY60 新型托锚力实时测试仪,按照 10 min/次和 15 min/次的 2 种步长,实测 $800\sim1\,000$ m 埋深巷道中实体煤巷道、动压煤层底板岩石巷道和破碎顶板小煤柱沿空掘巷巷道等三种典型条件下锚杆锚索掘采全过程的托锚力数值、煤体应力等,综合分析托锚力演化的类型和对围岩稳定的影响因素。

③ 采用理论分析的方法,建立基于修正剪切滞的层状岩体预应力锚固荷载传递及破坏力学模型,研究层状岩体锚固段累次破坏的造成托锚力振荡波动的机理和判据;采用 FLAC³ᴰ 研究施加不同预紧力的锚杆和锚索支护时,锚索的协同承载机理以及锚固体内应力场的演化规律。

第 2 章　锚杆初始托锚力及其转换机制研究

在锚杆支护体系中,托盘、钢带和网能够阻止围岩向巷道内的变形。通过对围岩表面施加径向支护力,能够使围岩由平面应力状态转化为三向应力状态,从而提高围岩承载强度。这种来自托盘等护表构件而使围岩稳定的力,称为托锚力。初始托锚力与预紧力相一致。施加高托锚力或高预紧力能够较好地控制巷道掘进初期的变形量[139]。李壮等[140]通过试验研究了不同预紧力对锚固体抗动载冲击能力,发现高预紧力可以提高锚固体刚度及动态承载能力,能够抑制裂纹扩展。龙景奎等[141]测试分析了不同预紧力作用下,单根、两根和多根锚杆在锚固体内不同测点所产生的应力值及应力场分布特征,证明了协同作用在锚固体中的作用。张农等[142]提出煤巷高强预应力支护技术的概念,并研制出新型高性能预拉力锚杆及配套附件,成功实现了高预拉力的工程应用,取得了较好的围岩控制效果。本章从分析因锚杆托锚力损耗或部分损耗造成的锚固失效或低效的工程现象入手,测试了 54 组不同几何尺寸的锚杆在试验环境、岩石层面、煤壁和喷混凝土表面等条件下的预紧力矩与托锚力的转换关系,研究了预紧力矩与托锚力的转换机制,分析了托锚力沿锚杆径向的应力分布和影响因素。

2.1　锚杆托锚力损耗与围岩控制失效关系分析

锚杆的托锚力在整个围岩控制过程中可以分为初始托锚力、工作托锚力和残余托锚力。通过调查大量锚杆支护工程,根据预应力锚固系统失效和效能损失过程中对应托锚力的损失状况,锚杆托锚力损耗可以分为托锚力完全损耗至零、部分损失和缓慢损耗 3 种类别。

2.1.1　托锚力完全损耗造成的支护失效

托锚力完全损耗导致锚固支护体系完全丧失了主动支护围岩的作用,其主要有以下 3 种情况。① 锚杆或锚索与黏结剂接触面完全破坏(即第 1 界面完全破坏)或黏结体与煤岩体接触面破坏造成的黏结完全失效(即第 2 界面完全破坏),此时仅有剩余部分黏结体与孔壁有摩擦力,使整个锚固体系的托锚力损耗殆尽,巷道最终表现为大变形(即支护失败),如图 2-1(a)和(b)所示。② 锚杆体拉断,如图 2-1(c)和(d)所示。锚固体系失稳,托锚力降至零。锚杆杆体破断常出现在杆体尾部丝扣段。该处易产生应力集中,是杆体的薄弱环节。锚索多为剪切破坏。钢绞线与岩面不垂直,造成沿托盘处剪断失效。在采动应力或围岩大变形过程中更容易发生杆体剪断失效。③ 锚空失效,如图 2-1(e)和(f)所示。局部围岩破坏造成锚固失效。一般相邻两排锚固体系中间的煤岩体表面首先变形、膨胀、破坏进而产生岩体碎胀,并波及至护表构件下方;巷道浅部围岩突然松

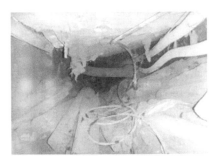

(a) 锚杆黏结失效巷道大变形

(b) 锚杆黏结失效

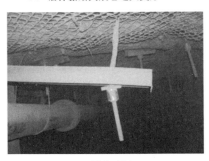

(c) 锚索破断

(d) 锚杆破断(仅余锚杆孔)

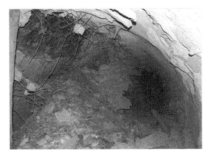

(e) 锚杆锚空

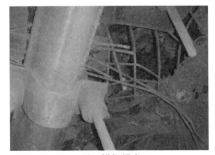

(f) 锚杆锚空

图 2-1 托锚力损耗至零造成的支护失效

动并兜冒,形成锚空现象。杆体和锚固段虽然完好,但由于护表构件不能紧贴岩面,造成托锚力损耗为零。由于锚杆支护体系的托锚力损耗至零的情形多为瞬时发生,在工程上甚至把此类现象称为"定时炸弹"。

2.1.2　托锚力部分损耗造成的支护低效

锚杆托锚力部分损耗后仍能够起到支护围岩的作用,但由于提供的支护阻力降低,围岩控制效果较难以保证。其产生的主要原因有:① 锚固段在层状岩体发生第 2 界面的渐次脱黏。锚固段最外层的一层岩体与锚固剂失效。托锚力瞬降,仅剩余部分摩擦阻力,但向围岩深部范围锚固段渐次失效,在随围岩变形的相互适应的过程中,托锚力会部分回升,如果黏结段继续破坏,就会形成累次破坏,最终导致锚固失效,如图 2-2(a)所示。② 对于锚索而言,捻成钢绞线的某一股和几股钢丝突然破断,围岩体内积聚的能量暂时得以释放,造成托锚力瞬降,如图 2-1(b)。③ 锚具的锁片强度与钢绞线的强度不匹配,造成锚具渐次向锚杆外露方向滑退。由于锚索外露长度会发生显著性变化,所以此种现象从直观上较容易监测到,如图 2-1(c)和(d)所示。

（a）锚杆渐次黏结破坏

（b）钢绞线钢丝逐根破坏

（c）锚具退锚

（d）锚具退锚（已增一套锚具）

图 2-2　托锚力瞬时损耗造成的支护低效

2.1.3 托锚力无损耗但护表强度不足造成围岩大变形

受钢材或钢绞线的松弛效应、深井软岩巷道的蠕变和采动应力等复杂因素的影响,整个锚固体系仍然有效,但如果网或钢带等护表构件的刚度不足,钢带断裂或网破裂,即围岩对护表构件(如钢带、托盘和网)的压力超过了护表构件的承载能力,那么托盘破裂脱落或钢带被拉穿,金属网拉断。这会导致托锚力随时间缓降,围岩产生大变形,如图 2-3 所示。

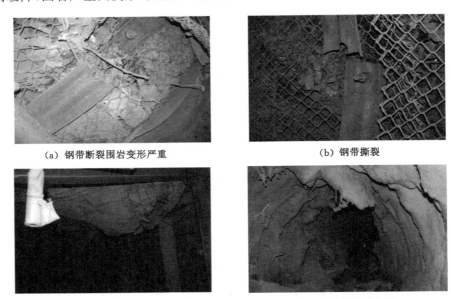

(a) 钢带断裂围岩变形严重	(b) 钢带撕裂
(c) 网兜大变形	(d) 巷道表面变形

图 2-3　托锚力缓降造成巷道围岩大变形

因此,建立具有初始高、过程稳和承载均匀的托锚力锚固协同承载体系对保持巷道围岩的稳定与控制最为有利。

2.2　锚杆初始托锚力与临界预紧力矩转换机制研究

从第 2.1 节分析因托锚力损失或部分损失导致围岩控制失效或低效的类别来看,托锚力在支护过程中起着决定性影响。而锚杆的托锚力主要依靠锚杆钻机或风动扳手拧紧螺母的方式实现。当然也可以采用液压法张紧螺母的方式来实现锚杆的托锚力。但此类方法在煤矿中很少应用。在支护初期,预紧力矩越大,获得的预紧力或初始托锚力就越大,对围岩控制作用就愈强。依据《煤矿预应力锚固施工技术规范》,初始预紧力矩规定为 150 N·m。然而在工程应用中,"高预紧力"却成为模糊概念,其实际量化一直无处入手,更是缺乏理论指导;现场采用的高预紧力扭矩判别方法多为断续式加载。

2.2.1　托锚力与预紧力矩转换机制

锚杆锚固系统从根本上说属于"螺纹-螺栓"连接系统,其结构与螺栓连接副相似。预紧力与预紧力矩的关系式为[143]:

$$T = PK\Phi \tag{2-1}$$

式中　T——预紧力矩;

　　　K——扭矩系数;

　　　P——预紧力;

　　　Φ——螺栓的公称直径。

扭矩系数是反映螺栓加扭过程中的预紧力矩与托锚力之间的系数,与摩擦面的摩擦系数和螺纹连接副的几何尺寸有关。对于特定的理想螺纹连接副而言,扭矩系数与螺栓直径均为常数,扭矩系数越小,获得的托锚力越高,显然此时预紧力矩与托锚力为线性关系,预紧力矩越大,得到的托锚力也越大。

若考虑锚固系统中的螺纹的当量摩擦角、螺母与托盘间的摩擦系数,则预紧力矩 T 与预紧力 P 关系为[144]:

$$T = \left[\frac{1}{2}\Phi_1 \tan(\alpha_1 + \beta) + \frac{1}{3}f_1 \left(\frac{\Phi_2^3 - \Phi^3}{\Phi_2^2 - \Phi^2} \right) \right] P \tag{2-2}$$

式中　Φ_1——螺纹中径;

　　　Φ_2——六角螺帽两对边距离;

　　　α_1——螺纹升角;

　　　Φ_3——螺线环平面直径;

　　　β_1——螺纹的当量摩擦角;

　　　f_1——螺母与托盘间的摩擦系数。

式(2-2)中,对于确定的锚固系统,Φ_1、Φ_2、α_1、Φ、β 和 f_1 等均为常数。预紧力矩与托锚力仍为线性关系,可以表示为:

$$P = \frac{4\pi(1 + f_2)T}{2(s + \pi d_2 f_2) + \pi f_0(1 + f_2)(\Phi_1 + d_0)} \tag{2-3}$$

式中　f_2——螺母与锚杆螺纹段间的滑动摩擦系数;

　　　f_0——螺母与垫圈端面间的滑动摩擦系数;

　　　s——螺纹导程;

n——螺纹头数。

张农等[145-146]基于锚杆施加预紧力时锚固围岩仍处于弹塑性变形阶段这一前提,推导出预紧力 P 与力矩 T 间有如下的数学关系表达式:

$$P = \frac{24(3\sqrt{3}\,\Phi_1^2 - 2\pi\Phi_2^2)}{12(\tan\alpha_1 + K_m)(3\sqrt{3}\,\Phi_1^2 - 2\pi\Phi_2^2)\Phi + [3\sqrt{3}(3\ln3 + 4)\Phi_1^3 - 16\pi\Phi_2^3]f_1}T(\varphi)$$

(2-4)

式中,$K_m = (K_1 K_2)/(K_2 + K_2)$,其中 K_1、K_2 分别为黏结剂和围岩的剪切刚度;其他符号意义同前。对于特定的锚固系统,在弹塑性阶段,预紧力与力矩间呈线性关系。

2.2.2 托锚力与预紧力矩转换机制实测研究

研制了"预应力锚固系统锚固作用综合试验台",其可以测试各种规格的锚杆。通过施加预紧扭矩,得出相应的托锚力,还能得出锚杆轴力(黏锚力)、托锚力及弯矩的变化规律,进而分析锚杆锚固作用机理及锚固失效过程,为锚杆支护参数设计提供依据。该试验台由 6 个主体部分组成,其分别为:① 由螺母、垫圈、托盘等组成,通过扭矩扳手或风动扳手施加预应力的加载系统;② 5 组卡盘组成的锚固系统;③ 游标卡尺和固定于试验台上的几何变形测量系统;④ 机械式或无线传输式锚杆轴力获取和测试系统;⑤ 测力锚杆等试件系统;⑥ 试验台的基座。该试验台的结构及实物如图 2-4 所示。试验台模型采用卡盘代替岩石,试验测试的试件几何比和应力比均可取为 1。

测量的锚杆试件直径范围为 $10\sim50$ mm,长度范围为 $1\,800\sim2\,800$ mm。锚杆托盘可以为碟形、平盘形、M 形等异形托盘。锚固长度范围为 $300\sim1\,500$ mm。该试验台可以实现对端锚、加长锚等锚固方式的黏结强度、轴力、弯矩、锚固力和位移变化规律的试验研究。

不同长度锚杆预紧力矩与托锚力的关系曲线如图 2-5 至图 2-8 所示。

(1) 长度为 $2\,800$ mm 的锚杆

长度为 $2\,800$ mm 但不同直径的锚杆预紧力矩与托锚力的关系曲线如图 2-5 所示。从图 2-5 中可以得出以下具体规律。

① 在试验过程中,$\phi22$ mm、$\phi20$ mm 和 $\phi18$ mm 的锚杆分别测试的数据组数均为 7 组、7 组和 5 组。施加的最大扭矩分别为 335 N·m、340 N·m 和 250 N·m,其对应的最大托锚力分别为 80 kN、88 kN 和 72 kN。3 根锚杆的预紧力矩与托锚力呈显著性线性相关。

② 从 3 根锚杆的平均预紧力矩与托锚力的扭矩系数来看,大于 125 N·m 后扭矩系数趋稳,大于 250 N·m 后平均扭矩系数为 0.18,此时对应的平均托

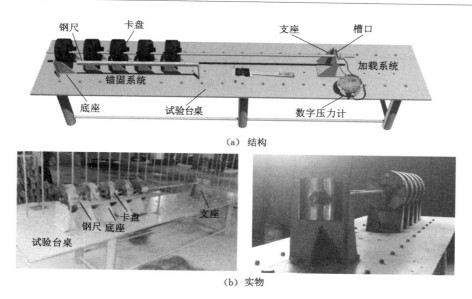

（a）结构

（b）实物

图 2-4　预应力锚固系统锚固作用综合试验台结构和实物

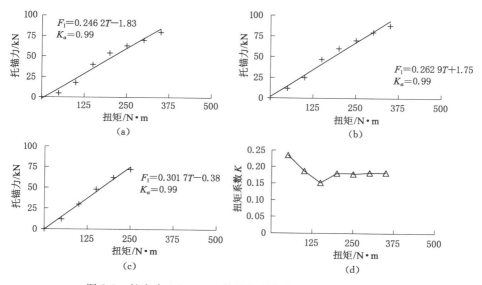

（a）

（b）

（c）

（d）

图 2-5　长度为 2 800 mm 的锚杆预紧力矩与托锚力的关系

锚力为 68.3 kN,也为各种长度锚杆托锚力的最大值。由于预紧力矩与锚固托锚力呈正比,长度为 2 800 mm 的锚杆预紧力矩的初始值越高越容易获得高托锚力效果,而且直径为 20 mm 的锚杆这一现象最为明显。

（2）长度为 2 600 mm 的锚杆

长度为 2 600 mm 但不同直径的锚杆预紧力矩与托锚力的关系曲线如图 2-6 所示。从图 2-6 中可以得出以下具体规律。

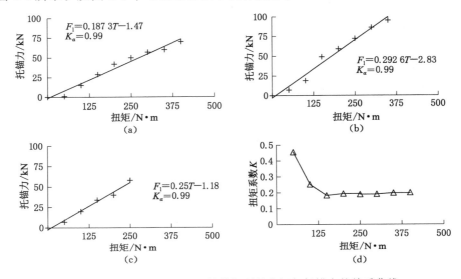

图 2-6　长度为 2 600 mm 的锚杆预紧力矩与托锚力的关系曲线

① 在试验过程中，ϕ22 mm、ϕ20 mm 和 ϕ18 mm 的锚杆分别测试的数据组数均为 8 组、7 组和 5 组。施加的最大扭矩分别为 380 N·m、340 N·m 和 235 N·m，其对应的最大托锚力分别为 70 kN、95 kN 和 58 kN。

② 每根锚杆托锚力与预紧力矩均表现为显著性线性相关。相关扭矩系数均为 0.99。对 3 组锚杆的平均值进行回归后，其方程为 $F_1 = 0.25T - 1.18$。

③ 3 根锚杆的平均预紧力矩大于 125 N·m 后，扭矩系数趋于稳定，但有小幅增长的趋势；200 N·m 以上时平均扭矩系数为 0.2。直径 20 mm 的锚杆扭矩系数最高，直径 22 mm 的锚杆的最低。直径 22 mm 的锚杆临界预紧力矩亦基本为 200 N·m，当达到此数值后其托锚力为 50 kN。

（3）长度为 2 400 mm 的锚杆

长度为 2 400 mm 但不同直径的锚杆预紧力矩与托锚力的关系曲线如图 2-7 所示。从图 2-7 中可以得出以下具体规律。

① 在试验过程中 ϕ22 mm、ϕ20 mm 和 ϕ18 mm 的锚杆测试的数据组数分别为 9 组、9 组和 5 组。施加的最大扭矩分别为 450 N·m、450 N·m 和 225 N·m，其对应的最大托锚力分别为 81 kN、89 kN 和 51 kN。从 3 根锚杆的平均预紧力矩与托锚力的扭矩系数来看，其数值有波动，但当预紧力矩大于 200

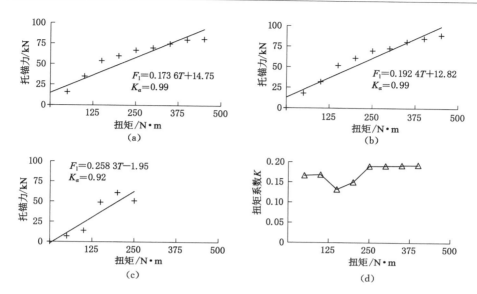

图 2-7　长度为 2 400 mm 的锚杆预紧力矩与托锚力的关系曲线

N・m 时,扭矩系数仍有小幅增长,平均扭矩系数为 0.19。

② 每根锚杆托锚力与预紧力矩均表现为显著性线性相关,相关系数均在 0.9 以上。对 3 组锚杆的平均值进行回归后,其结果亦符合线性方程 $F_1 = 0.189\,7T + 10.78$。

（4）长度为 2 200 mm 的锚杆

长度为 2 200 mm 但不同直径的锚杆预紧力矩与托锚力关系曲线如图 2-8 所示。从图 2-8 中可以得出以下具体规律:

① 在试验过程中,ϕ22 mm、ϕ20 mm 和 ϕ18 mm 的锚杆分别测试的数据组数为 7 组、8 组和 6 组。锚杆的扭矩最大值分别为 350 N・m、380 N・m 和 300 N・m,对应的最大托锚力分别为 81 kN、100 kN 和 74 kN。

② 从每根锚杆以及三套锚杆平均值的回归分析来看,锚杆直径对预紧力矩和锚固力的影响关系基本一致,其回归后符合显著性线形关系,其回归方程为 $F_1 = 0.251\,7T - 1.18$。

③ 虽然所测试的 3 组锚杆预紧力与托锚力呈现出了一致的线性关系,但其扭矩在小于 200 N・m 时并不稳定,在大于 200 N・m 以后时其扭矩才趋于稳定,平均扭矩系数为 0.22,此时的托锚力为 61.0 kN。

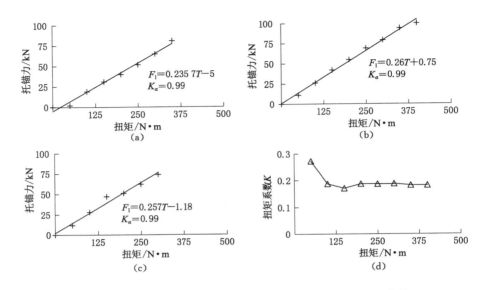

图 2-8　长度为 2 200 mm 的锚杆预紧力矩与托锚力的关系曲线

2.2.3　临界预紧力矩概念及初始值

通过对"预应力锚固系统锚固作用综合试验台"上不同直径和锚固长度锚杆的预紧力与托锚力转换关系的分析可以得出：

① 对于多数锚杆,在预紧力矩小于 200 N·m 时,托锚力与预紧力矩没有呈现紧固构件中的显著线性关系,扭矩系数的变化幅度也很大,其主要原因为加扭前期需要将锚固系统中托盘与垫圈的紧密贴实,螺纹的加工误差,垫圈的快速变形等。75% 的锚杆在预紧力矩小于 200 N·m 时托锚力与预紧扭矩呈线性相关,而大于这一数值时,所有锚杆的托锚力与预紧扭矩均呈现出显著线性相关的规律。

② 在测试过程中,虽然 25% 的锚杆在整个测试过程中预紧力矩与托锚力始终呈现出线性关系,但其扭矩系数却在加扭至 200 N·m 后才趋于稳定,而其余所有锚杆的扭矩系数与此规律一致。

因此,可以将预紧力矩与托锚力显著性线性相关且锚固系统的扭矩系数趋于常数的力矩称为临界预紧力矩。试验测试的预紧力矩为 200 N·m,对应的托锚力为 43.0 kN,此时的平均扭矩系数为 0.20。

施加的预紧力矩大于临界预紧力矩后,扭矩系数增大至 0.23,转换效率降低,托锚力与预紧力矩的线性方程符合 $F_1 = 0.18T + 6.84$ 的显著性线性相关,则每增 100 N·m 的扭矩,可以获得 18 kN 的托锚力。

2.3　锚杆初始托锚力受不同煤岩界面影响分析

2.3.1　巷道顶板层状岩石界面对施加托锚力的影响

在淮南矿业集团丁集煤矿 1252(1)工作面运输平巷相距 50 m 的两个断面上共布置 14 根锚杆进行预紧力矩和托锚力的实测工作。巷道断面形状为矩形，巷道尺寸为 5.0 m(宽)×3.0 m(高)。

预应力锚杆体系参数为：每断面顶板 7 根锚杆，间距 750 mm，排距 800 mm。锚杆规格为 M24-22-2800 型高强锚杆，锚杆屈服强度为 400 MPa。每根锚杆采用 2 根 Z2350 树脂锚固剂加长锚固。理论锚固段长度为 1 760 mm，自由段长度为 0.9～1.0 m。螺母采用 150 N·m 的 4 棱扭矩螺母并配有厚度 2 mm 的四氟垫片。钢带为 M5 型，其长度为 4 800 m 并配套 M 形托盘。

测试巷道的成巷方式为综掘。直接顶为砂质泥岩，岩面平整，厚度 2 m；老顶为 5 m 厚度的砂岩；直接顶与老顶间夹有一层 200 mm 厚煤线。

扭矩加载梯度设置：100 N·m 以内时，每 20 N·m 递增 1 次；从 100 N·m 至 400 N·m 时，每 50 N·m 增加 1 次。在扭矩加载过程中，除记录数据外基本连续加扭。实测时加载的最大扭矩为 375 N·m。

实测结束后共取得 12 组有效数据。两个断面内各有 1 根锚杆。由于锚杆外露尺寸过短，未取得有效数据。通过对有效数据的分析可以得到顶板锚杆预紧力矩与托锚力的关系曲线，如图 2-9 所示。有效锚杆的编号为：在 Y75 断面，面向迎头自左而右 01～06；在 Y80 断面，07～12。

由图 2-9 可以看出，在 Y75 断面和 Y80 断面上的锚杆的托锚力在预紧力矩分别小于 200 N·m 和 150 N·m 时，托锚力线性增加幅度较大；当预紧力矩超过此数值时，托锚力增速减慢；此数值对应的平均托锚力分别为 38.29 kN 和 25.79 kN。当预紧力矩为 200 N·m 时，对应的托锚力总平均值为 40.61 kN，对应的扭矩系数为 0.25。

由图 2-9(a)和(b)可以看出，所有锚杆的托锚力均随预紧力矩的增加而增加，Y75 断面和 Y80 断面的 01 锚杆(顶板最左侧)和 09(顶板正中)的增加速度最快，其最终值分别为 61.0 kN 和 64.1 kN。以 Y75 处的 04 锚杆(顶板正中)和 Y80 处的 07 锚杆(顶板左 2)托锚力最小，分别为 37.4 kN 和 37.3 kN。

Y75 处 5 根锚杆预紧力矩与托锚力的关系较 Y80 处的锚杆发散，但对其取均值并回归后，两组断面均呈现较强的线性相关。01～06 锚杆及 07～12 锚杆的回归方程分别为 $F_1 = 0.180\,6T - 0.592\,3$ 和 $F_1 = 0.172\,5T - 0.962\,5$。

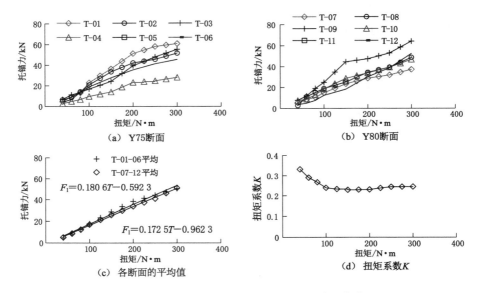

图 2-9 顶板锚杆预紧力矩与托锚力的关系曲线

试验结果表明:达到 200 N·m 的临界预紧力矩时,对应的平均托锚力为 39.9 kN,扭矩系数为 0.23;高于此数值后,托锚力与预紧力矩符合显著性线性相关关系,其回归方程为 $F_1=0.18T+2.5$,扭矩系数为 0.24。

2.3.2 巷道两帮煤壁对施加托锚力的影响

煤壁预紧力矩与托锚力的测试地点与上述岩石顶板加载地点相同,但作用点为两帮的煤体上。煤层为半光亮型,夹有镜煤条带。煤层下部多含一薄层泥岩或碳质泥岩夹矸,夹矸厚 0.1~0.2 m。煤层普氏系数 $f=1~1.3$。煤层容重为 1.34 t/m³。在两个断面左右两帮的 20 根锚杆进行了测试。锚杆规格为 M22-20-2 500 mm 等强锚杆。锚杆屈服强度为 335 MPa。锚杆间距为 650 mm。每根锚杆采用 1 根 Z2380 锚固剂的加长锚固方式。理论锚固长度为 1 100 mm,自由段长度为 1.2~1.3 m,螺母采用 80 N·m 的 4 棱扭矩螺母并配有厚度 2 mm 的四氟垫片。钢带为 M4 型长度 2 800 m 钢带和配套的 M 形托盘。

受综掘机破煤成巷和煤体松软的影响,煤体表面沿巷道走向有起伏,在高度方向上有 50~150 mm 的超挖现象。两帮合计 20 根的锚杆,其测试结果如图 2-10 所示。锚杆编号意义:面向迎头 Y75 断面左帮自下而上为 01~05,右帮自上而下为 01~05;Y80 两帮分别为 06~09。底角锚杆外露过短,无有效数据。

由图 2-10 可以看出:单根锚杆平均的预紧力矩在 0~200 N·m 范围时,托

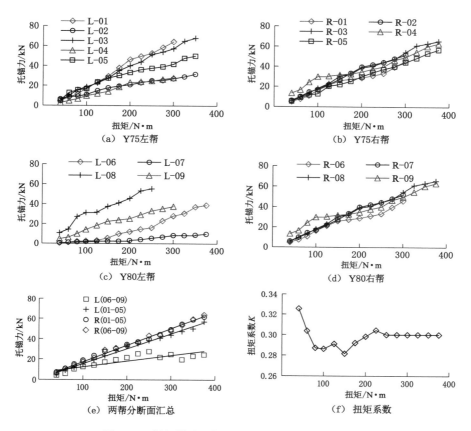

图 2-10　帮部煤壁面锚杆预紧力矩与托锚力的关系

锚力一般呈线性增加,但在 200 N·m 以上时,其表现出显著线性增长的规律;小于 100 N·m 时,扭矩系数不稳定,大于 200 N·m 时,扭矩系数平均为 0.33。

　　测试的锚杆预紧力矩最小为 250 N·m,最大达到 375 N·m,但锚杆最终的预紧力却并不都相同。其结果大体为:左帮 2 组测试数据较发散,右帮 2 组测试数据相对较集中。尤其是 Y80 左帮 07 号锚杆受安装角度的影响,最终的预紧力矩为 375 N·m,但其初始预紧力仅 10.0 kN。巷道中部的锚杆预紧力整体表现较高,主要是受锚杆孔的影响,此部位的锚杆孔较容易施工,也容易拧紧。

　　进行各级测试数据的回归分析研究。① Y75 左帮 5 根锚杆的演化规律较为发散,托锚力终值波动幅度达到 47.13 kN,预紧力矩与托锚力符合线性规律,其具体方程为 $F_1 = 0.147\ 9T + 0.601\ 4$,且呈显著性相关,即每增加 100 N·m 预紧力矩,托锚力增加 14.79 kN。② Y75 处右帮 5 根锚杆的规律较为一致,托锚力速度增幅基本相等,且托锚力波动最大值仅为 19.63 kN。其线性方程为 $F_1 = 0.159\ 3T + 2.080\ 5$。其扭矩增量系数为 0.15,略高于左帮的。③ 各根锚杆的单独规律较明显,但整体发散性较强。尤其是 07 号锚杆的托锚力增加值最小,终载时托锚力仅 10 kN,远未达到设计托锚力。所有测试的数据线性回归后仍为线性关系,其方程为 $F_1 = 0.056\ 9T + 6.602\ 7$。其扭矩增加系数仅为 0.057。④ 第 4 组测站处的锚杆的整体规律明显,最大终载数据差值为 16.75 kN。托锚力整体符合显著性线性规律,其方程为 $F_1 = 0.164\ 7T + 0.712\ 9$。其扭矩增加系数为 4 组测站中的最大值,达到 0.165。

试验结果表明:当达到 200 N·m 的临界预紧力矩时,对应的平均托锚力为 39.9 kN,扭矩系数为 0.30,高于此数值后托锚力与预紧力矩符合显著性线性相关关系,回归方程为 $F_1 = 0.13T + 2.49$,扭矩系数为 0.3。

2.3.3 喷混凝土表面对施加托锚力的影响

针对喷混凝土表面的托锚力与预紧力矩的关系,实测工作在大屯矿区孔庄煤矿−1015 水平主排水泵房的安全通道内开展。测试地点的岩性为灰岩。巷道断面形状为直墙半圆拱。

12 根测试锚杆长度均为 2 500 mm。采用 1.5 卷 Z2360 树脂药卷加长锚固。锚杆的直径有 22 和 20 mm 两种,对应的螺纹等级分别为 M24 和 M22。理论锚固长度分别为 1 760 mm 和 1 233 mm。螺母为 4 棱 100 N·m 的扭矩螺母和四氯垫圈。碟形托盘尺寸为 140 mm×140 mm×10 mm。数据的采集和加载方式与 2.2.1 节的相同。但有 3 根锚杆由于外露长度过短未取有效数据。对 9 根锚杆的有效数据进行汇总,其结果如图 2-11 所示。

根据图 2-11 所示,可以得出如下规律。

① 对于单根锚杆而言,预紧力矩小于和大于 200 N·m 时,预紧力矩和托锚力呈现出线性和显著性线性相关。20 mm 和 22 mm 直径的锚杆在扭矩为 200 N·m 时对应的平均托锚力分别为 39.9 kN 和 31.6 kN。自 100 N·m 开始,两类锚杆扭矩系数趋于稳定。200 N·m 和测试最大值时,扭矩系数分别为 0.33 和 0.4。

② 与实验室测试相比较,喷混凝土表面锚固状态下临界预紧力矩为 200 N·m,对应的托锚力数值为 35.3 kN,扭矩系数为 0.4。超过临界值后的平均扭矩系数为 0.35,符合 $F_1 = 0.12T - 5.13$ 的线性关系。

通过对比分析 58 组锚固系统在岩石层面、煤壁和喷混凝土表面和试验环境下的预紧力矩与托锚力的关系,验证了预紧力矩和托锚力的转换存在非线性向线性关系的过渡。这一临界预紧力矩的数值和试验获得的相等,为 200 N·m。但由于实测加载界面与实验室的迥异,达到和超过临界预紧力矩时,对应的扭矩

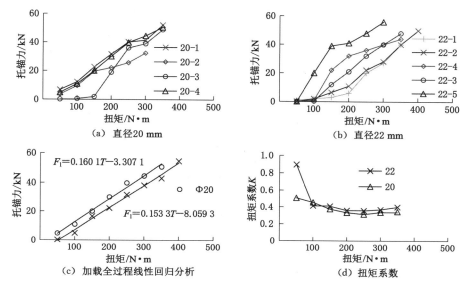

图 2-11　喷混凝土表面预紧力矩与托锚力的关系

系数略高于试验数据获得的。

在达到临界预紧力矩时,岩石层面、煤壁和喷混凝土表面对应的平均托锚力分别为 39.9 kN、39.3 kN 和 35.3 kN,平均为 38.2 kN,对应的扭矩系数分别为 0.23、0.30 和 0.4,平均为 0.31。3 种状态的托锚力均小于实验室测试获得的 43.0 kN 的结果,扭矩系数均大于 0.2。

分析现场实测的数据与试验值不尽相同的影响因素有:① 围岩表面的平整度远差于试验台的;② 试验时仅采用了托盘但没有采用钢带,而在实际施工过程中顶板采用了 M5 型钢带,两帮采用了 M4 型钢带,在施加扭矩的过程中钢带能够吸收一部分弹性能;③ 存在锚杆孔与围岩的角度问题,试验台上托盘与锚杆基本为垂直关系,但在实际施工时其角度难以与岩巷完全垂直,甚至从支护设计的角度需要与岩面呈现出一定的夹角;④ 存在孔口处围岩的松动与变形以及加载过程中围岩内的裂隙闭合。

2.4　锚杆托锚力沿其轴向应力分布研究

按照锚固段的长度可以将锚杆支护划分为端锚、加长锚和全长锚固。端锚仅能够提供托锚力,托锚力一旦丧失就会造成整个锚固系统的失效,因此目前采用的已经较少。加长锚和全长锚固不仅能够对围岩提供托锚力,还能提供沿锚杆轴向较高的黏锚力。通过对锚固段取微元分析,基于锚固段的剪应力平衡,推导预应力锚杆锚固范围内围岩沿锚杆径向剪应力分布计算公式及相应的分布曲线。通过简化托锚力为集中力,研究托锚力作用下沿锚杆径向围岩的应力分布情况,并探讨不同锚固方式、不同围岩性质、不同锚杆直径及预紧力下预应力的扩散效果[147]。

2.4.1 锚固围岩体内预应力分布

（1）黏锚力作用下锚固围岩体内预应力分布

假设锚杆、锚固剂及锚固围岩体为弹性体,且在预紧力作用下均处于弹性变形阶段,以锚固自由端为坐标原点,建立如图 2-12 所示坐标系。在锚杆轴向 y 处取微段进行受力分析,如图 2-13 所示。由该段内 y 方向静力平衡关系可得:

$$dF(y) = -\tau(x, y)2\pi x dy \tag{2-5}$$

式中　　$F(y)$——锚杆沿杆长杆体轴力;

　　　　$\tau(x, y)$——锚固围岩体中的剪应力;

　　　　x——预应力侧向扩散距离。

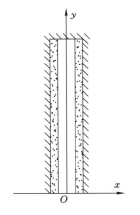

图 2-12　锚固段直角坐标系

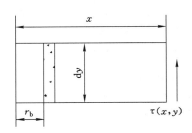

图 2-13　微段受力分析模型

关于锚杆在预紧力作用下锚固段杆体的剪应力与轴力分布方式,分别基于 Mindlin 问题与 Kelvin 问题的位移解推导出了全长锚固式与加长锚固式锚杆锚固段剪应力与轴力分布的弹性解。这里仅引用相关结论,则锚固段杆体的剪应力分布表达式为:

$$\tau(y) = \frac{Pt}{2\pi a} y e^{\left(-\frac{1}{2}ty^2\right)} \tag{2-6}$$

其中:

$$t = \begin{cases} \dfrac{1}{(1+\mu)(3-2\mu)r_{\mathrm{b}}^2}\left(\dfrac{E_{\mathrm{m}}}{E_{\mathrm{b}}}\right) & \text{（全长锚固型）} \\[4mm] \dfrac{1}{2(1+\mu)r_{\mathrm{b}}^2}\left(\dfrac{E_{\mathrm{m}}}{E_{\mathrm{b}}}\right) & \text{（加长锚固型）} \end{cases} \tag{2-7}$$

式中　$\tau(y)$——锚杆沿杆长杆体剪应力；

　　　　P——锚杆所受预紧力；

　　　　r_{b}——锚杆杆体半径；

　　　　E_{b}——锚杆弹性模量；

　　　　E_{m}——围岩弹性模量；

　　　　μ——泊松比；

　　　　t——与锚杆弹模和泊松比相关系数。

锚固段杆体的轴力分布表达式为：

$$F(y) = P\mathrm{e}^{(-\frac{1}{2}ty^2)} \tag{2-8}$$

将式(2-8)代入式(2-5)即可得锚固体中任一点剪应力为：

$$\tau(x,y) = \frac{Pty}{2\pi x}\mathrm{e}^{(-\frac{1}{2}ty^2)} = \frac{r_{\mathrm{b}}}{x}\tau(y) \tag{2-9}$$

2.4.2　托锚力作用下锚固围岩体内预应力分布

由于托盘与岩面接触情况较复杂，为简便计算，将托锚力简化为集中力，这样问题就转化为半平面体在边界受集中力问题，托锚力在围岩体中的应力分布弹性解[18]为：

$$\sigma_\rho = -\frac{2F}{\pi}\frac{\cos\varphi}{\rho} = -\frac{2F}{\pi y} \tag{2-10}$$

式中　φ——围岩的内摩擦角；

　　　　ρ——距锚固点径向距离。

由上式可知在托锚力作用下，围岩中形成压应力泡，圆周各处应力值相等，应力向围岩纵深及两侧快速衰减，并与深度大小成反比。

2.4.3　不同锚固方式下预应力分布比较分析

取锚杆及围岩参数为：杆体弹性模量 $E_{\mathrm{b}} = 3\times10^5$ MPa，围岩弹性模量$E_{\mathrm{m}} = 6\times10^3$ MPa，杆体直径 $\phi_{\mathrm{b}} = 22$ mm，预紧力 $P = 120$ kN，围岩泊松比 $\mu = 0.3$，杆体全长 $L = 2\,000$ mm，加长锚固长度 $l_{\mathrm{a}} = 1\,200$ mm，则锚杆杆体所受的剪应力为：

$$\tau = 92.0y\mathrm{e}^{-26.4y^2},\ 0 \leqslant y \leqslant 2.0 \quad \text{（全长锚固型）} \tag{2-11}$$

$$\tau = \begin{cases} 0, & 0 \leqslant y \leqslant 0.8 \\ 110.4(y-0.8)e^{-31.8}(y-0.8)^2, & 0.8 \leqslant y \leqslant 2.0 \end{cases} \quad (加长锚固型)$$

$$\hspace{10cm} (2\text{-}12)$$

则锚杆杆体所受轴力为：

$$F = 120e^{-26.4y^2}, 0 \leqslant y \leqslant 2.0 \quad (全长锚固型) \hspace{2cm} (2\text{-}13)$$

$$F = \begin{cases} 120, & 0 \leqslant y \leqslant 0.8 \\ 120e^{-31.8y^2}, & 0.8 < y \leqslant 2.0 \end{cases} \quad (加长锚固型) \hspace{1cm} (2\text{-}14)$$

则锚固围岩体中剪应力为：

$$\tau(x) = \frac{11}{x}\tau \hspace{6cm} (2\text{-}15)$$

则围岩体中的压应力为：

$$\sigma_\rho = \frac{76.4}{y} \hspace{6cm} (2\text{-}16)$$

通过式(2-11)至式(2-16)可以计算并绘制出锚杆的轴力和剪应力以及围岩体中压应力和剪应力的分布曲线,如图 2-14 至图 2-17 所示。

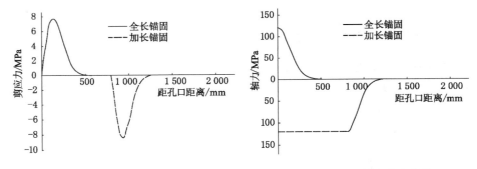

图 2-14　锚杆剪应力分布曲线　　　　　图 2-15　锚杆轴力分布曲线

分析图 2-14 至图 2-17 可以得出以下规律。

① 锚杆的剪应力、轴力与围岩中剪应力、压应力分布形式基本相同。(a) 全长锚固型锚杆所受剪应力主要分布在距孔口 500 mm 范围内,加长锚固型锚杆所受剪应力主要分布在距孔口 800～1 450 mm 范围内。锚杆所受剪应力均是由零值开始急剧增大至峰值,然后随着深度增加而快速衰减并趋于零。但加长锚固锚杆的剪应力峰值比全长锚固型的小,且加长锚固型锚杆的剪应力分布范围较集中。(b) 全长锚固型锚杆所受轴力主要分布在距孔口 470 mm 范围内,其轴力在孔口处最大;其轴力随着距离增加快速衰减并趋于零。加长锚固型锚杆轴力分布范围较大。前 800 mm 自由段内,其轴力与预紧力相等;从 800

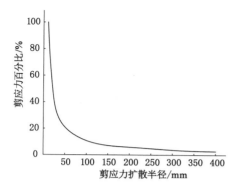

图 2-16　围岩体中剪应力分布曲线

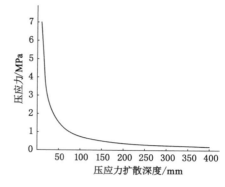

图 2-17　围岩体中压应力分布曲线

mm 处开始,随着锚固长度增加,其轴力快速衰减;1 200 mm 以外,其轴力趋近于零。(c)围岩体中的剪应力和压应力均随着影响半径的增加呈反比例函数关系衰减,其衰减速率由大到小,其衰减范围集中在 200 mm 以内,在 200 mm 处曲线开始趋于稳定,400 mm 处的剪应力为杆体剪应力的 2.5%,压应力为 0.2 MPa,对围岩应力状态的改善较大。

②　在现有技术水平下,预应力锚固影响半径仍较小。真正发挥作用的预应力锚固范围主要集中在距锚固自由端 400 mm 内。全长锚固式的预应力与加长锚固式的预应力相比,预应力主要集中在表层围岩中,对较深部围岩则无预应力作用。加长锚固式预应力影响范围大:表层围岩主要靠托锚力扩散来改善围岩应力状态,其较深部围岩靠黏锚力扩散来改善围岩应力状态,预应力改善效果较全长锚固式的更优越。

2.4.4　围岩性质、杆体直径及预紧力对支护效果的影响

从式(2-7)至式(2-9)和式(2-11)可以看出,锚杆受力及围岩体中预应力主要与围岩性质、杆体弹性模量及直径和预紧力有关。

（1）围岩性质

分析不同围岩性质对锚杆剪应力和轴力的影响。图 2-18 和图 2-19 给出了在其他条件一定,不同围岩性质下锚杆剪应力与轴力分布曲线。由图 2-18 和图 2-19 可以看出,1 号岩体的预应力沿杆体扩散长度为 200 mm;2 号岩体的预应力沿杆体扩散长度为 250 mm;3 号岩体的预应力沿杆体扩散长度为 450 mm;4 号岩体的预应力沿杆体扩散长度为 600 mm。由此可以得出,围岩越硬,锚杆剪应力峰值越大,锚杆剪应力、轴力的分布范围越小、越集中,预应力对围岩的作用范围也就越小;围岩越软,锚杆剪应力峰值越小,锚杆剪应力、轴力分布范围越

大、越均匀,预应力对围岩的作用范围就越大。因此,预应力锚固在软岩中的效果较在硬岩中的要好。

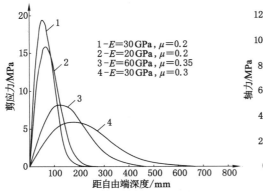

图 2-18 不同围岩性质下锚杆剪应力分布曲线

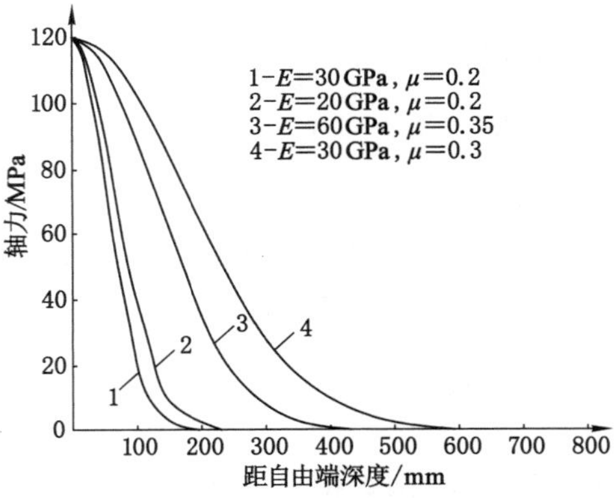

图 2-19 不同围岩性质下锚杆轴力分布曲线

（2）锚杆直径

分析不同锚杆直径对锚杆剪应力和轴力的影响。不同锚杆直径下锚杆剪应力及轴力分布曲线如图 2-20 和图 2-21 所示。不同直径下围岩体中的剪应力扩散曲线如图 2-22 所示。

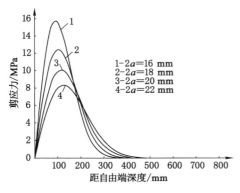
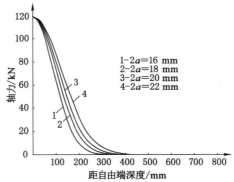

图 2-20 不同直径下锚杆剪应力分布曲线

图 2-21 不同直径下锚杆轴力分布曲线

由图 2-20 至图 2-22 可以看出,锚杆直径越大,锚杆剪应力峰值越小,锚杆剪应力、轴力的分布范围越大、越均匀;增大锚杆直径可以降低剪应力在围岩中的衰减速率,每增加 2 mm 杆体直径,锚杆剪应力扩散范围增大 30 mm,剪应力扩散半径 200 mm 处的剪应力百分比可提高 0.5 个百分点。因此,适当增加锚

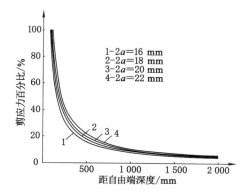

图 2-22　不同直径下围岩体中的剪应力扩散衰减曲线

杆直径可以增强预应力扩散效果。

（3）预紧力

分析不同预紧力对锚杆的剪应力、轴力及围岩体中压应力的影响。不同预紧力下锚杆剪应力、轴力及分布曲线如图 2-23 至图 2-24 所示。不同预紧力下围岩体中压应力扩散衰减曲线如图 2-25 所示。

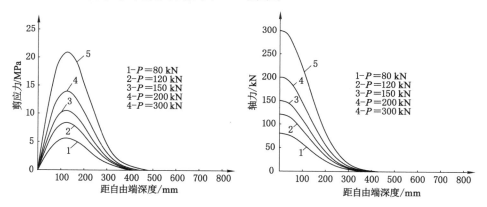

图 2-23　不同预紧力下锚杆剪应力分布曲线　图 2-24　不同预紧力下锚杆轴力分布曲线

从图 2-23 至图 2-25 中可以看出，随着预紧力的增大，锚杆剪应力峰值明显增大，且每增加 10 kN 预紧力，剪应力峰值可增大 0.7 MPa，但预应力扩散范围和分布形式基本一致，即使将预紧力增大至 300 kN 时，预应力扩散范围也仅在距自由端 500 mm 内；压应力在围岩中的衰减速率随预紧力的增大而减小，与预紧力成正相关，每增加 10 kN 预紧力，孔口 400 mm 处的压应力可增加 0.016 MPa。因此，通过增加预紧力无法改变锚固段预应力扩散范围，但

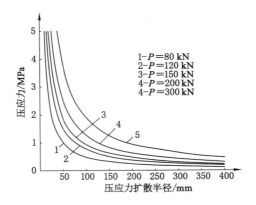

图 2-25　不同预紧力下围岩中压应力衰减曲线

可以提高其峰值应力,同时可以提高孔口附近围岩中的压应力,改善表层围岩的应力状态。

通过分析预应力锚杆不同锚固方式下锚杆剪应力、轴力以及锚固段围岩体中剪应力分布表达式及分布曲线,得出加长锚固方式下的预应力分布范围较全长锚固方式更广结论。在软岩中的预应力锚固效果要优于硬岩,增加锚杆的直径可以增强预应力的锚固效果,锚杆剪应力和轴力与预紧力呈正相关。

2.5　本章小结

本章主要分析了锚杆托锚力与预紧力矩的转换机制,托锚力沿轴向方向的应力分布情况和影响因素。通过分析和试验研究得出如下主要结论。

① 提出了按照托锚力在支护过程中损失程度和围岩控制效果分为 3 类:因托锚力完全损失造成的支护失效、托锚力部分损耗造成的支护低效和托锚力无损耗但护表强度不足造成围岩大变形,简要分析了 3 种类别的主要因素有锚固段的黏结状况和护表构件的强度、支护材料的性能等。

② 通过测试常规系列的 54 组锚杆在自制试验台及井下岩石层面、煤壁和喷混凝土表面等 3 种工程界面不同预紧力矩和托锚力的转换关系,发现了扭矩系数趋于定值的现象,提出了临界预紧力矩的概念,即托锚力与预紧力矩线性增长且扭矩系数达到稳定时的扭矩,特定条件下测得的数值为 200 N·m,实验室条件、井下岩石表面、煤体面和喷混凝土面对应的托锚力分别为 43.0 kN、39.9 kN、39.3 kN 和 35.3 kN,扭矩系数分别为 0.20、0.24、0.33 和 0.35。

③ 通过分析预应力锚杆不同锚固方式下锚杆剪应力、轴力以及锚固段围岩体中剪应力分布表达式及分布曲线,得出加长锚固方式下的预应力分布范围较全长锚固方式更广,在软岩中的预应力锚固效果要优于硬岩,增加锚杆的直径可以增强预应力的锚固效果,锚杆剪应力和轴力与预紧力呈正相关。

第3章　锚杆工作托锚力形成机理、影响因素和实测规律分析

　　锚杆安设完毕后,初始托锚力转变为工作托锚力,与锚杆径向方向的黏锚力共同承担起稳定围岩支护效果的作用。工作托锚力的形成与稳定取决于锚固段黏锚力的发展,尤其是层状岩体锚固中受层理弱面的影响,更容易产生沿锚固段的逐层脱黏破坏。本章修正了剪切滞的层状岩体逐次脱黏的分层累次破坏力学模型,并分析了围岩变形、采动应力等因素对工作托锚力的影响,进一步研究了掘采过程中工作托锚力的波动规律和机理。

3.1　锚杆工作托锚力在层状岩体中形成机理研究

　　本节修正了剪切滞的层状岩体锚固段载荷传递模型,解释了层状岩体渐次脱落与工作托锚力的作用机制,并通过数值计算软件 FLAC^{3D} 模拟锚索拉拔试验。

3.1.1　修正剪切滞的层状岩体锚固段载荷传递模型

　　在短纤维复合材料内对应力传递和分配进行分析的一个最重要的理论方法就是剪滞法(Shear-lag)。剪滞法最早是由 Cox(考克斯)[148]于 1952 年提出的。其模型是一根纤维埋设在一固体基质中,假设界面充分黏合,纤维末端无应力传递,基质到纤维的负荷转移依靠两者间实际位移的差异,如图 3-1(a)所示。

　　但是考克斯的理论属于不考虑界面层厚度的两相模型。于是 Tsai(蔡)[149]、Monette(莫内特)[150]、Kim(金姆)[151]等又进一步在纤维和基质间加入一个界面相,使之成为三相模型,其力学模型见图 3-1(b)。这种接触面并不是抽象的,而是具有一定厚度与独立力学参数的实体。基质和界面相既能携带拉伸应力也能携带剪切应力,并且提出了 2 点基本假设:① 轴向力只由纤维来承载;② 把基体不受剪应力影响的最大边界设为固定边界。

　　由上述可以发现,提出的剪切滞模型无论是结构还是力学特征均与锚固系统相似,因此有必要对剪切滞模型做更深入地了解及研究。

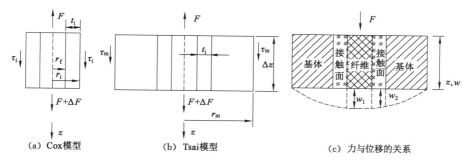

图 3-1　剪切滞变模型

根据图 3-1，由静力平衡关系可得：

$$\frac{\mathrm{d}F}{\mathrm{d}z} + 2\pi r_i \tau_i = 0 \tag{3-1}$$

$$\frac{\mathrm{d}F}{\mathrm{d}z} + 2\pi r_m \tau_m = 0 \tag{3-2}$$

根据式(3-1)、式(3-2)，可以得出：

$$\tau_i r_i = \tau_m r_m \tag{3-3}$$

式中　r_f, r_i——纤维、接触面的半径；

　　　t_i——锚固剂环向厚度。

根据弹性理论及图 3-1(c)可得：

$$\tau = \frac{\mathrm{d}w}{\mathrm{d}r} G \tag{3-4}$$

$$r_f \leqslant r \leqslant r_i \tag{3-5}$$

$$\frac{\mathrm{d}w}{\mathrm{d}r} = \frac{\tau}{G_i} \tag{3-6}$$

式中　τ——接触面中的剪切应力；

　　　G_i——接触面的剪切模量。

根据公式(3-3)可得：

$$\tau = \frac{\tau_i r_i}{r} \tag{3-7}$$

把式(3-7)代入式(3-6)，并进行积分得：

$$w = \frac{\tau_i r_i}{G_i} \ln r + C \tag{3-8}$$

由图 3-1 可知边界条件如下：

$$\begin{cases} r = r_{\mathrm{f}}, w = w_1 \\ r = r_i, w = w_2 \\ r = r_{\mathrm{m}}, w = 0 \end{cases} \tag{3-9}$$

把边界条件代入式(3-8)中得到：

$$\tau_i = \frac{(w_2 - w_1)G_i}{r_i \ln(r_i/r_{\mathrm{f}})} \tag{3-10}$$

同理可得：

$$\tau_{\mathrm{m}} = \frac{-w_2 G_{\mathrm{m}}}{r_{\mathrm{m}} \ln(r_{\mathrm{m}}/r_{\mathrm{f}})} \tag{3-11}$$

由于

$$F = E_{\mathrm{f}} \pi r_{\mathrm{f}}^2 \frac{\mathrm{d}w_1}{\mathrm{d}z} \tag{3-12}$$

联立式(3-10)～式(3-12)代入式(3-1)、式(3-2)中得到：

$$\frac{\mathrm{d}^2 w_1}{\mathrm{d}z^2} - \frac{2G_i}{E_{\mathrm{f}} r_{\mathrm{f}}^2 \ln(r_i/r_{\mathrm{f}})}(w_1 - w_2) = 0 \tag{3-13}$$

$$\frac{\mathrm{d}^2 w_1}{\mathrm{d}z^2} - \frac{2G_{\mathrm{m}}}{E_{\mathrm{f}} r_{\mathrm{f}}^2 \ln(r_{\mathrm{m}}/r_i)} w_2 = 0 \tag{3-14}$$

式中　G_{m}——岩体剪切模量。

对式(3-13)和式(3-14)进行代数变换可以解出：

$$\frac{\mathrm{d}^2 w_1}{\mathrm{d}z^2} - a^2 w_1 = 0 \tag{3-15}$$

其中，

$$a^2 = \frac{2G_i/E_{\mathrm{f}} r_{\mathrm{f}}^2 \ln(r_i/r_{\mathrm{f}})}{1 + [G_i \ln(r_{\mathrm{m}}/r_i)]/[G_{\mathrm{m}} \ln(r_i/r_{\mathrm{f}})]}$$

对式(3-15)进行积分求解：

$$w_1 = C_1 \cosh(az) + C_2 \sinh(az) \tag{3-16}$$

式中　z——沿锚固轴向方向长度。

在纤维的两端存在下列的边界条件：

$$\begin{cases} z = 0, F = -P_0 = -\pi r_{\mathrm{f}}^2 \bar{\sigma} = E_{\mathrm{f}} \pi r_{\mathrm{f}}^2 \frac{\mathrm{d}w_1}{\mathrm{d}z} \\ z = l, w_1 = 0 \end{cases} \tag{3-17}$$

式中　σ——纤维断面上的平均应力；

l_a——锚固长度。

把边界条件即式(3-17)代入方程(3-16)中解出 w_1：

$$w_1 = -\frac{\bar{\sigma}}{E_f a} \left[-\tanh(al_a)\cosh(az) + \sinh(az) \right] \tag{3-18}$$

w_2 可由式(3-18)及式(3-14)求得：

$$w_2 = \frac{r_f^2 E_f a^2 \ln(r_m/r_i)}{2G_m} w_1 \tag{3-19}$$

联立式(3-10)、式(3-18)和式(3-19)得到接触面中 $r = r_i$ 的剪切强度为：

$$\tau_i = \frac{\bar{\sigma}}{\sqrt{2}} \left(\frac{G_m}{E_f}\right)^{1/2} \frac{-\tanh(al_a)\cosh(az) + \sinh(az)}{[(G_m/G_i)\ln(r_i/r_f) + \ln(r_m/r_i)]^{1/2}} \frac{r_f}{r_i} \tag{3-20}$$

根据公式(3-3)，接触面中 $r = r_f$ 的剪切强度为：

$$\overline{\tau_i} = \frac{\bar{\sigma}}{\sqrt{2}} \left(\frac{G_m}{E_f}\right)^{1/2} \frac{-\tanh(al_a)\cosh(az) + \sinh(az)}{[(G_m/G_i)\ln(r_i/r_f) + \ln(r_m/r_i)]^{1/2}} \tag{3-21}$$

接触面中最大的剪应力为：

$$\tau_{max} = (\overline{\tau_i})_{z=0} = -\frac{\bar{\sigma}}{\sqrt{2}} \left(\frac{G_m}{E_f}\right)^{1/2} \frac{\tanh(al_a)}{[(G_m/G_i)\ln(r_i/r_f) + \ln(r_m/r_i)]^{1/2}} \tag{3-22}$$

在纤维端头与接触面接触处，剪应力最大，最容易发生破坏。

根据 Randolph(兰道夫)等[152-153]的研究，r_m 满足：

$$r_m = 2.5(1-\mu)l \tag{3-23}$$

式中 μ——岩体或煤体的泊松比。

现在把剪切滞模型中的纤维当作锚固系统中的杆体，锚固剂作为具有一定厚度及刚度的接触面，岩体看作基体。从受力状态来看，钢绞线是受单向轴荷载，并由锚固剂的剪力来平衡。钢绞线受力状况符合剪切滞模型。由此可见，用剪切滞模型来分析预应力锚固系统是完全可行的。在不同岩性及不同预紧力下锚固段侧阻力分布规律如图 3-2 所示。

由图 3-2(a)可以看出，不同岩性的锚固段侧阻力总体呈现指数型递减趋势，但是相对于不同岩性，其变化量相差较大；总体上看，岩性刚度 G_m 越弱，即式(3-21)中的 a 值越大，侧阻力曲线表现出侧阻力峰值越小，且侧阻力曲线下降趋势越缓，这说明岩性变化会影响锚固系统的临界锚固长度，但是侧阻力基本都分布在锚固段内 1 m 左右。由图 3-2(b)可以看出，由于施加拉力为正，故与之平衡的剪应力均为负。在不同预紧力作用下，锚固段侧阻力曲线呈现出相同的特征，即预紧力越大，侧阻力峰值越大，但是随着预紧力的变化，侧阻力均在 1 m 处降至 0.2 MPa 以下。临界锚固长度并不随预紧力变化而变化。

关于围岩的分类，较为普遍的是参照普氏系数将围岩划分为稳定围岩、中等稳定和不稳定围岩。对于稳定围岩，f 一般要大于 5；对于中等稳定围岩，2<

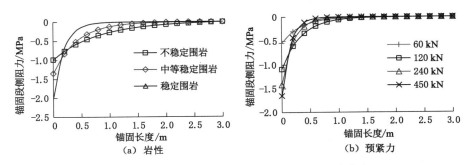

图 3-2　不同岩性和预紧力作用下锚固段阻力分布

$f<5$；对于不稳定围岩，f 一般要小于 2。侧阻力曲线拟合数据见表 3-1。

表 3-1　侧阻力曲线拟合数据

不同岩性类别的剪切模量/GPa			G_i/GPa	r_f/m	r_i/m	E_c/GPa
稳定	中等稳定	不稳定				
5.6	2.8	1.4	1.2	0.011	0.025	195

由此确定在中等稳定岩体中 3 m 锚固长度下，临界锚固长度为 1 m。

3.1.2　层状岩体渐次脱黏与托锚力波动作用机制

考虑岩体中垂直于锚固系统的层理存在，并且层理间不存在黏结强度，假设锚固剂始终不发生塑性破坏，建立力学模型如图 3-3 所示。层理面内岩体受剪力发生破坏，对锚索孔周边岩体拉应力进行求解。

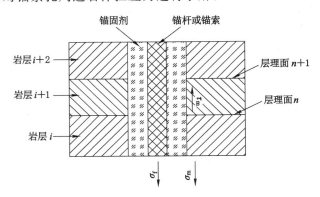

图 3-3　层状岩体锚固模型

根据静力平衡可以得出

$$\frac{\mathrm{d}\sigma_{\mathrm{m}}(z)}{\mathrm{d}z} = -\frac{2\tau_{\mathrm{m}}(z)}{r_{\mathrm{i}}} \tag{3-24}$$

第 3.1.1 节中已经推出 τ_{m}，将其代入式(3-24)中得：

$$\frac{\mathrm{d}\sigma_{\mathrm{m}}(z)}{\mathrm{d}z} = -\sqrt{2}\,\bar{\sigma}\left(\frac{G_{\mathrm{m}}}{E_{\mathrm{f}}}\right)^{1/2} \frac{-\tanh(al_{\mathrm{a}})\cosh(az) + \sinh(az)}{\left[(G_{\mathrm{m}}/G_{\mathrm{i}})\ln(r_{\mathrm{i}}/r_{\mathrm{f}}) + \ln(r_{\mathrm{m}}/r_{\mathrm{i}})\right]^{1/2}} \frac{r_{\mathrm{f}}}{r_{\mathrm{i}}^2} \tag{3-25}$$

对式(3-25)关于 z 进行积分：

$$\int \sinh(az)\mathrm{d}z = \frac{1}{a}\cosh(az) + C_1$$

$$\int \cosh(az)\mathrm{d}z = \frac{1}{a}\sinh(az) + C_2$$

$$\sigma_{\mathrm{m}}(z) = -\sqrt{2}\,\bar{\sigma}\left(\frac{G_{\mathrm{m}}}{E_{\mathrm{f}}}\right)^{1/2} \frac{-\tanh(al_{\mathrm{a}})\sinh(az)/a + \cosh(az)/a}{\left[(G_{\mathrm{m}}/G_{\mathrm{i}})\ln(r_{\mathrm{i}}/r_{\mathrm{f}}) + \ln(r_{\mathrm{m}}/r_{\mathrm{i}})\right]^{1/2}} \frac{r_{\mathrm{f}}}{r_{\mathrm{i}}^2} + C$$

$$\tag{3-26}$$

显然：

$$z = 0, \sigma(z) = 0 \tag{3-27}$$

边界条件代入式(3-26)中可解得：

$$C = \sqrt{2}\,\bar{\sigma}\left(\frac{G_{\mathrm{m}}}{E_{\mathrm{f}}}\right)^{1/2} \frac{1}{a\left[(G_{\mathrm{m}}/G_{\mathrm{i}})\ln(r_{\mathrm{i}}/r_{\mathrm{f}}) + \ln(r_{\mathrm{m}}/r_{\mathrm{i}})\right]^{1/2}} \frac{r_{\mathrm{f}}}{r_{\mathrm{i}}^2} \tag{3-28}$$

这样就得到了岩体中的应力分布曲线：

$$\sigma_{\mathrm{m}}(z) = \bar{\sigma}\frac{r_{\mathrm{f}}}{r_{\mathrm{i}}^2}\sqrt{2}\left(\frac{G_{\mathrm{m}}}{E_{\mathrm{f}}}\right)^{1/2} \frac{1 + \tanh(al_{\mathrm{a}})\sinh(az) - \cosh(az)}{a\left[(G_{\mathrm{m}}/G_{\mathrm{i}})\ln(r_{\mathrm{i}}/r_{\mathrm{f}}) + \ln(r_{\mathrm{m}}/r_{\mathrm{i}})\right]^{1/2}} \tag{3-29}$$

对式(3-29)进行拟合得到曲线，见图 3-4。从图 3-4 中发现，锚索孔周边岩体压应力值随锚固段长度增加而呈指数增加；超过临界锚固长度后，其趋于平缓。锚索孔周边岩体压应力随托锚力增加而线性增加。

由于锚固系统内的岩体受剪力破坏，故在不同位置的岩体所受剪应力按照下述公式进行计算：

$$\tau_{\mathrm{m}}' = \frac{\sigma_{\mathrm{m}}}{z} \tag{3-30}$$

据此可得到锚固段岩体所受剪应力为：

$$\tau_{\mathrm{m}}'(z) = \frac{\bar{\sigma}}{z}\frac{r_{\mathrm{f}}}{r_{\mathrm{i}}^2}\sqrt{2}\left(\frac{G_{\mathrm{m}}}{E_{\mathrm{f}}}\right)^{1/2} \frac{1 + \tanh(al_{\mathrm{a}})\sinh(az) - \cosh(az)}{a\left[(G_{\mathrm{m}}/G_{\mathrm{i}})\ln(r_{\mathrm{i}}/r_{\mathrm{f}}) + \ln(r_{\mathrm{m}}/r_{\mathrm{i}})\right]^{1/2}} \tag{3-31}$$

以煤巷为例，取其抗剪强度为 9.81 MPa，取锚索锚固力为 120 kN 进行计算。在锚索孔周边岩体剪应力中不同位置的剪应力如图 3-5 所示。

根据剪应力公式，在单轴抗剪条件下，岩石抗剪强度为其内聚力值，而锚固系统中孔壁围岩由于应力得到释放而满足单轴抗剪条件。因此锚固系统中孔壁

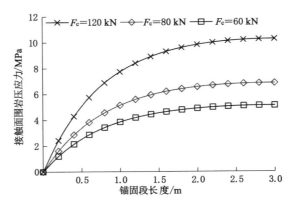

图 3-4 锚索孔周边岩体压应力随锚固段长度分布曲线

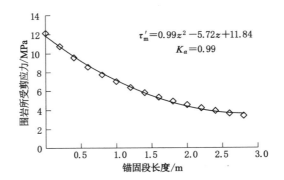

图 3-5 锚索孔周边岩体剪应力随锚固段长度分布曲线

围岩内聚力值即为其抗剪强度。矿井常见的岩石抗剪强度见表 3-2[154]。

表 3-2 常见煤系地层岩石的抗剪强度

煤岩类别	抗剪强度/MPa	煤岩类别	抗剪强度/MPa	煤岩类别	抗剪强度/MPa
烟煤	0.98～9.81	砂质页岩	6.86	致密砂岩	9.81～2.75
无烟煤	1.96～3.92	细砂岩	4.12～70.6	砂岩	3.43～46.6

从图 3-5 可以看出,当层理面处于距锚固端头 0.5 m 处时,此段岩体所受剪应力为 9.58 MPa,即达到煤的抗剪强度,煤体发生破坏,锚固系统失效。也就是说,在距锚固段 0.5 m 内的煤体中只要存在黏结度为零的层理面,这段煤体就一定会发生剪切破坏。存在的层理面越多,煤体越容易发生破坏,且锚固系统一旦开始失效,围岩内最大剪力不断后移,不断引起层理面发生累次破坏。若煤层

锚固段内层理面较多较薄,则最终会导致整个锚固系统破坏失效。

由于在工程实践中很难确定岩体层理的范围及数量,锚索拉拔试验客观受限条件较多,并且解析解计算过于繁杂。因此此处采用借助计算机模拟软件 FLAC³ᴰ 对在不同层理条件下拉拔试验进行模拟研究,以求得较符合实际情况的解答。

3.1.3　层状岩体预应力锚索拉拔试验数值模拟

3.1.3.1　锚固系统模拟原理

在 FLAC³ᴰ 中 Cable 单元的轴向力学特性可以采用一维模型进行描述[155-156]。轴向刚度 K_m 为:

$$K_m = \frac{S_c E_c}{\Delta l_a} \tag{3-32}$$

式中　S_c——锚束的横截面积;

　　　E_c——锚固单元的弹性模量;

　　　Δl_a——锚固单元的长度。

由弹性力学可得:

$$\Delta F_{ct} = - K_m \Delta U_{ct} \tag{3-33}$$

式中　ΔU_{ct}——锚固单元轴向位移增量;

　　　ΔF_{ct}——锚固单元轴向力增量。

锚固单元可以设定其拉伸屈服强度 F_{ct} 和压缩屈服强度 F_{cc}。锚固单元的轴力不能超过强度极限,如图 3-6 所示。

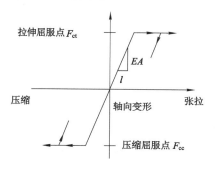

图 3-6　锚固单元变形特性曲线

FLAC³ᴰ 采用弹簧-滑块系统来表示锚索、锚固剂和煤岩体之间的黏结作用关系[157],如图 3-6 所示。该模型能够反映杆体、黏结体和煤岩体之间的剪切特性。锚固剂与锚束的剪切刚度决定界面之间剪应力的分布形式,则单位厚度锚

固剂的剪切刚度 k_g 为：

$$k_g = \frac{2\pi G_i}{\ln(1 + t_i/r_i)} \qquad (3-34)$$

式中　G_i——锚固剂的剪切模量；

　　　t_i——锚固剂的环向厚度；

　　　r_i——锚固体的半径。

黏结体界面的剪应力 τ_g 为：

$$\tau_g = \frac{G}{(D/2 + t)} \frac{\Delta u}{\ln(1 + 2t/D)} \qquad (3-35)$$

式中　Δu——锚固剂与岩体间的相对位移。

锚固段单位长度能承受的最大剪应力取决于式(3-36)。

$$F_{s,\max} = [c_g + \sigma_m \times \tan(\varphi_g) \times P_g]L \qquad (3-36)$$

式中　c_g——锚固剂的黏结强度；

　　　φ_g——锚固剂摩擦角；

　　　P_g——锚固剂与锚单元或岩体接触的周长；

　　　σ_m——围压。

材料界面假定莫尔-库仑准则作为屈服准则。允许每个单元沿着轴向变形。锚固单元节点与网格节点物理位置一致。锚固剂与岩体间的界面可以发生剪切屈服。

3.1.3.2　层状岩体修正锚索结构单元

为了实现层状顶板中预应力锚索的拉拔试验，基于剪切滞本构模型对锚索结构单元进行修正处理，使其符合层状顶板中的累次破坏机理。在拉拔过程中，先判断岩体中层理面处剪应力是否已达到岩体剪切强度，若剪应力达到破坏值，则通过 FLAC^{3D} 内置的 FISH 语言完成对锚索托锚力的损伤调整，使其降低至破坏后应力状态。下面对锚固力损伤值进行分析计算。

假设锚固端头有一系列的层理面。随着层理面的不断破坏，锚固系统累次破坏模型如图 3-7 所示。

根据锚固剂剪应力 τ_f 分布公式，随着锚固长度的缩短，剪应力峰值不断后移且其数值呈降低趋势。当层理面 1 发生剪切破坏后，最大剪应力由 $\tau_{\max}$ 降低至 $\tau'_{\max}$，当层理面 2 发生破坏后，最大剪应力进一步降至 $\tau''_{\max}$。托锚力不断发生突降。

由静力平衡条件可以看出，锚固系统中托锚力与锚固段剪应力积分存在线性关系：

$$F_l = Q = 2\pi r_f Q(z) \big|_0^{l_a} \qquad (3-37)$$

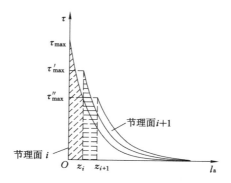

图 3-7　层理岩体锚固累次破坏模型

$$Q(z) = \int \tau_i dz = \frac{\sigma}{\sqrt{2}} \left(\frac{G_m}{E_f} \right)^{\frac{1}{2}} \frac{-\tanh(al_a) \frac{1}{a}\sinh(az) + \frac{1}{a}\cosh(az) + C}{\left[\left(\frac{G_m}{G_i} \right) \ln\left(\frac{r_i}{r_f} \right) + \ln\left(\frac{r_m}{r_i} \right) \right]^{\frac{1}{2}}} \frac{r_f}{r_i}$$

$$(3-38)$$

式中　F_1——锚固系统托锚力;

　　　z——沿锚固段长度的变量;

　　　$Q(z)$——对应变量 z 的剪应力值。

　　在锚固系统累次破坏过程中,锚固力的损失为:层理面发生破坏的剪应力积分。将锚束的轴力损失与初始最大轴力之比称为轴力损失率 ξ。层状岩体锚固系统托锚力传递规律,见公式(3-39)。

$$F_1 = \begin{cases} \varPhi(w_1, \chi) & \tau'_{m1} \leqslant [\tau_{m1}] \\ \varPhi(w_1, \chi) \xi_1 & \tau'_{m1} > [\tau_{m1}] \text{ 且 } \tau'_{m2} \leqslant [\tau_{m2}] \\ \cdots\cdots \\ \varPhi(w_1, \chi) \xi_1 \xi_2 \cdots \xi_i & \tau'_{mi} \geqslant [\tau'_{mi}] \end{cases} \quad (3-39)$$

式中　w_1——锚索轴向位移;

　　　χ——与锚固剂刚度、黏结强度、锚固长度有关的参数,其值为常数;

　　　ξ_i——第 i 层层理面的托锚力损失率;

　　　τ'_{mi}——第 i 层节理面内岩体中实际剪应力;

　　　$[\tau_{mi}]$——第二界面第 i 层理面的最大黏结剪应力。

$$\chi = \sqrt{2k_s/(r_i E_c)} \quad (3-40)$$

$$\xi_i = \frac{\cosh(az_i) - \tanh(al_{i-1})\sinh(az_i) - 1}{\cosh(al_{i-1}) - \tanh(al_{i-1})\sinh(al_{i-1}) - 1} \quad (3-41)$$

3.2 锚杆工作托锚力关键影响因素分析

3.2.1 锚固段层理数目对托锚力工况的影响

（1）层理数目对锚索轴力的影响

建立层状岩体中的锚索模型。锚索长 6 m，锚固段长度 L_c＝3 m。在锚索端头施加一个很小的速度，随着时步运算，则锚索的杆体位移等于运行的步速乘常速度。在模拟层状岩体锚索拉拔试验中，固定自由面 X、Y、Z 方向的位移，锚索模型采用莫尔-库伦本构关系。

在锚固长度范围内研究层理面位态对锚固系统的影响。假设在锚固 3 m 范围内层理长度分别为 1、0.5 和 0.3 m，即在 3 m 范围内锚固长度层理面数分别为 2、5 和 9。在此条件下分别对锚索进行拉拔试验。

另根据第 3.1 节分析可知，锚固剂影响锚索锚固效果较大。因此在层状岩体的条件下：模拟了在不同浆体的摩擦角（φ_g＝0°、10°、20°、30°或 40°）与不同的有效围压（σ_m＝0 MPa、2 MPa、4 MPa、6 MPa 或 8 MPa）条件下，锚索轴向应力应变特征以及锚索的极限托锚力变化规律。

以无围压情形、浆体内摩擦角为 0°的情况为例，分析锚索拉拔过程中锚固体破坏的过程。锚固体参数按照第 3.1 节进行选取。针对锚固段内不同长度不同数目的层理面进行模拟试验。模拟和研究无节理、2 层、5 层和 9 层节理的锚索应力与位移曲线关系。

图 3-8 所示是在锚固段内不同层理条件下的锚索拉拔数值模拟结果。在无层理存在情况下，无层理拉拔曲线在 0.1 m 处分为两个阶段：前段主要表现为线性发展，此阶段锚索变形主要是自由段杆体、锚固剂弹性变形导致，此阶段锚固力表现迅速增加，锚固体受剪力不断增大；后段锚固力增长速率随锚杆位移增加而减缓，此阶段锚固剂处于屈服滑动阶段，锚固力在此阶段增加变缓慢并最终达到极限锚固力（433.3 kN）。由于 FLAC³ᴰ 软件本身的限制，在锚固系统破坏后，无层理拉拔曲线仍保持极限锚固力值，在实际情况中其应降低至残余锚固力，因此只需要关心极限锚固力及锚索拉拔长度。

分析存在层理面的情况下锚索的拉拔曲线。通过观察图 3-8 中不同层理分布的锚索拉拔曲线。① 在 2 个层理面的条件下，层理面随拉拔力增加而发生破坏，从而导致锚固力发生 2 次突降，分别发生于锚索位移达到 0.09 和 0.12 m 处。第一次突变前锚固力值为 339.1 kN，突降后锚固力值为 203.7 kN，降低了 39.9%。第二次突变前锚固力值为 250.4 kN，突降后锚固力值为 150.4 kN，降

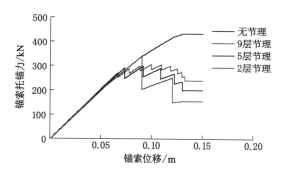

图 3-8　不同层理数目的锚索应力与位移曲线

低了 39.9％。极限锚固力在锚索位移达 0.12 m 时达到最大，其值为 155.6 kN。② 在 5 个层理面的条件下，锚固力发生 5 次突降，分别发生于锚索位移达到 0.07 m、0.09 m、0.10 m 和 0.12 m 和 0.13 m 处。锚固力值降低率平均为 14.9％。极限锚固力在锚索位移达 0.13 m 时达到最大，其值为 200.5 kN。③ 在 9 个层理面的条件下，锚固力发生 9 次突降。极限锚固力在锚索位移达 0.134 m 时达到最大，其值为 239.3 kN。

比较不同层理条件下的极限锚固力与拉拔长度。通过计算，锚固段内存在 2 个层理时，极限锚固力同比无层理时下降 64.09％，锚索拉拔长度同比无层理时缩短 13.28％；锚固段内存在 5 个层理时，极限锚固力同比无层理时下降 53.73％，锚索拉拔长度同比无层理时缩短 7.14％；锚固段内存在 9 个层理时，极限锚固力同比无层理时下降 44.77％，锚索拉拔长度同比无层理时缩短 2.37％。由此可以定性判断，若锚固系统锚固段中层状岩体越薄则锚固力突降越早，对极限锚固力与锚索拉拔位移影响也越小；反之，若锚固段中层状岩体越厚则锚固力突降越晚，对极限锚固力与锚索拉拔位移影响越大。也就是说相对较厚的层状岩体很不利于锚固系统的稳定，这个分析结果符合理论解析。这有助于在工程中优化巷道层位的选择以及判定层状顶板中锚固系统的作用状态。

（2）锚索剪力传递规律

按照上述模型，对层状岩体中的锚固单元受力进行分析。对锚索统一施加 60 kN 的预紧力。层状岩体层理面位于 3 m 处。在锚固体参数相同条件下，锚固系统在不同岩层顶板中受力特征如图 3-9 所示。

对层状岩体锚固系统锚固剂剪力进行分析。由图 3-9 可以看出，在层状岩体中，锚固体的剪应力传递与稳定顶板的有很大不同，可以分为应力衰减段和应力恢复段两个部分。在软弱夹层中，剪应力传递出现了两个拐点。在应力恢复段，剪应力分布取决于断层的位置，越靠近锚固端头剪应力恢复越高。由于层理

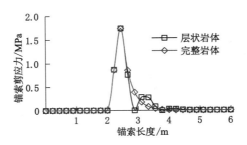

图 3-9　层状岩体中锚索剪力传递曲线

不传递锚固体剪应力,所以在恢复段,剪应力要高于稳定岩层同位置的剪应力,从而造成锚固长度进一步增加。

当锚固体遇到第一个层理面,锚固体进入应力衰减段,但层理不传递剪应力。因此,由剪应力传递曲线可以看出,层理处剪应力与稳定岩层的相比,大幅下滑,直至为零。随着剪应力进一步传递至稳定岩层,锚固体进入应力恢复段,剪应力不断恢复,在 3.5 m 处剪应力恢复至最大值,达到 0.27 MPa。进入到第二个层理后剪应力先升至 2×10^{-2} MPa,而后降至 1×10^{-4} MPa。软弱夹层中的工作锚固长度要后移 20～25 mm。在锚固段后部剪应力较低。

事实上,无论是这种剪应力的急剧变化还是工作锚固长度的增加,对于锚固系统的稳定都是极为不利的。锚固系统失效的过程是由量变到质变的过程,这一过程因锚固段黏结力的脱黏可能出现突然整体失稳的现象。而软弱夹层的存在使锚固体剪应力不连续,破坏了锚固系统的量变基础。

3.2.2　掘进初期岩体弹性变形能与锚杆支护阻力的协调关系

地下岩体处在复杂多变的地应力场中。地应力作用,必然使岩体的体积与形状发生变化(即产生变形)。当岩体仍处于弹性状态中时,岩体变形将以能量的形式储存在岩体中,这种由变形而获得的能量称为弹性变形能(即弹性能)。随着岩体埋深的增加,深部岩体可能存在更高的弹性能。

将由于体积变化和形状变形而形成的弹性能分别称为体变弹性能和形变弹性能。一旦巷道开挖后,解除了在原岩体中的应力,积聚的弹性能将以各种形式释放出来。对弹性能的性质进行理论分析。从力学可知,弹性能的表达式为:

$$U = U_v + U_f \tag{3-42}$$

$$U_v = \int_0^\varepsilon \sigma \, d\varepsilon = \int_0^\varepsilon E_m \varepsilon \, d\varepsilon \tag{3-43}$$

$$U_f = \int_0^\gamma \tau \, d\gamma = \int_0^\gamma G_m \gamma' \, d\gamma \tag{3-44}$$

式中　U,U_v,U_f——总弹性能、体变弹性能和形变弹性能；

　　　σ,τ——正应力和剪应力；

　　　ε,γ'——正应变和剪应变；

　　　E_m,G_m——压缩和剪切弹性模量。

对于单向应力状态，有 $\sigma=E\varepsilon,\tau=G\gamma'$，则：

$$U_v=\frac{E_m\varepsilon^2}{2}\ \text{或}\ \frac{\sigma^2}{2E_m} \tag{3-45}$$

$$U_f=\frac{G_m\gamma'^2}{2}\ \text{或}\ \frac{\tau^2}{2G_m} \tag{3-46}$$

为了计算岩体在三向受力状态下积聚的弹性能。令岩块原来的体积为 V_0，每边长为 a_0、b_0、c_0，则 $V_0=a_0b_0c_0$。由于三向受力后各边的长度增量为 Δa、Δb、Δc，变形后的体积 V 为：

$$V=(a_0+\Delta a_0)(b_0+\Delta b_0)(c_0+\Delta c_0) \tag{3-47}$$

展开化简并忽略其中的二次项、三次项，有：

$$V=abc(1+\frac{\Delta a_0}{a_0}+\frac{\Delta b_0}{b_0}+\frac{\Delta c_0}{c_0}) \tag{3-48}$$

式中，$\frac{\Delta a_0}{a_0}=\varepsilon_1$，$\frac{\Delta b_0}{b_0}=\varepsilon_2$，$\frac{\Delta c_0}{c_0}=\varepsilon_3$，即岩体中三个边的应变量。则式（3-48）变为：

$$V=V_0(1+\varepsilon_1+\varepsilon_2+\varepsilon_3) \tag{3-49}$$

岩体单位体积的变形量 θ 为：

$$\theta=\frac{V-V_0}{V_0}=\varepsilon_1+\varepsilon_2+\varepsilon_3 \tag{3-50}$$

整理可得：

$$\theta=\frac{1-2\mu}{E}(\sigma_1+\sigma_2+\sigma_3) \tag{3-51}$$

假设平均应力和平均应变分别为：

$$\sigma_n=(\sigma_1+\sigma_2+\sigma_3)/3 \tag{3-52}$$

$$\varepsilon_n=(\varepsilon_1+\varepsilon_2+\varepsilon_3)/3 \tag{3-53}$$

整理得：

$$\theta=\frac{1-2\mu}{E}\times 3\sigma_n \tag{3-54}$$

令：

$$\theta=\frac{\sigma_n}{K} \tag{3-55}$$

$$K_v = \frac{E}{3(1-2\mu)} \tag{3-56}$$

式中　K_v——体积弹性模量。

按照式(3-43)用平均应力 σ_n 和平均应变 ε_n 求出体变能,即:

$$U_v = 3 \times \int_0^\varepsilon \sigma_n d\varepsilon_n \tag{3-57}$$

$$U_v = \frac{1-2\mu}{6E}(\sigma_1 + \sigma_2 + \sigma_3)^2 \tag{3-58}$$

用同样方法,可得出:

$$U_f = \frac{(1+\mu)}{6E}\left[(\sigma_1 - \sigma_2)^2 + (\sigma_2 - \sigma_3)^2 + (\sigma_3 - \sigma_1)^2\right] \tag{3-59}$$

对于深度为 H 的开采条件来说,岩石所受的应力为:

$$\sigma_1 = \gamma H \tag{3-60}$$

$$\sigma_2 = \sigma_3 = \frac{\mu}{1-\mu}\gamma H \tag{3-61}$$

这时由于体积压缩而积聚的弹性能为:

$$U_v = \frac{(1-2\mu)(1+\mu)^2}{6E(1-\mu)^2}\gamma^2 H^2 \tag{3-62}$$

同样,由于形状改变而积聚的弹性能为:

$$U_f = \frac{(1+\mu)(1-2\mu)^2}{3E(1-\mu)^2}\gamma^2 H^2 \tag{3-63}$$

由式(3-62)和式(3-63)可知,地下岩体中积聚的弹性能与应力状态有关;随着开采深度的增加,其开采深度的平方呈正比关系。显然,这种正比关系对深部开采的研究具有更重要的作用。

现以淮南矿务局朱集煤矿回采巷道为例进行计算,取回采巷道埋深为910 m,岩体泊松比为0.3,岩体弹性模量为25 GPa,岩体平均容重为25 kN/m³,经过计算可得体变弹性能 U_v 为 5 297.6 J,形变弹性能 U_f 为 3 260 J,总计变形能为 8 557.6 J。巷道掘进尺寸为 5 m×3 m。当掘进2.6 d后,监测发现顶板及帮部变形量激增,锚固系统托锚力骤降,如图 3-10 所示。开挖导致岩体变形总能增至 513 kJ,而巷道表面收敛只有不足 0.2 m,大量变形能未能得到释放,而当岩体中储存的能量达到岩体承载极限后发生突变时,锚杆和锚索无法承受巨大变形而发生破坏。锚固剂前部黏结能力失效,转变为自由段;锚固剂后端由于受剪力较小,仍旧保持完好,能提供一定的锚固力。

3.2.3　静压巷道中工作托锚力的演化

在深埋巷道的地压计算中,最常用的是普氏理论。深埋巷道开挖之后,由于

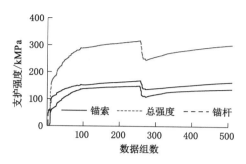

图 3-10　掘进初期锚固系统支护强度变化曲线

层理的切割,顶板的煤岩体产生塌落。当煤岩体塌落到一定程度之后,巷道会形成一个自然平衡拱;此时,即使不作任何支护,巷道的顶部也将保持自我平衡。作用在巷道顶板的围岩压力仅是自然平衡拱内的岩体自重。因此,普氏理论也被称为自然平衡拱理论。

在自然平衡拱理论的基础上,做如下两点假设:① 岩体由于节理的切割,经开挖后形成松散岩体,但仍具有一定的黏结力;② 硐室开挖后,硐顶岩体将形成一自然平衡拱。在硐室的侧壁处,沿与侧壁夹角$(45° - \varphi/2)$的方向产生两个滑动面。普氏理论中围岩压力计算模型如图 3-11 所示。

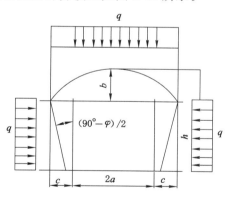

图 3-11　普氏围岩压力计算模型

煤层巷道中煤帮破坏深度由下式确定:

$$c = \left(\frac{K_{cx} \gamma H B}{1\,000 f K_c} \cos \frac{\alpha}{2} - 1 \right) h \tan \frac{90° - \varphi}{2} \tag{3-64}$$

式中　K_{cx}——巷道周边挤压应力集中系数;

　　　γ——巷道岩层平均容重;

H——巷道埋深；

B——固定(残余)支撑压力影响系数；

f——煤层普氏硬度系数；

K_c——巷道周边应力集中系数；

α——煤层倾角；

h——煤层厚度或巷道轮廓范围无煤夹层的厚度；

φ——煤的内摩擦角。

当 c 为负值时表示煤体稳定，当 c 为正值时表示煤体发生破坏。

为了求得硐顶的围岩压力，必须确定自然平衡拱轴线方程的表达式，以便计算平衡拱内岩体的自重。假设拱轴线为二次曲线，如图 3-12 所示。在拱轴线上任取一点 $M(x,y)$，根据拱轴线不能承受拉力的条件，则所有外力对 M 点的弯矩应为零，即有：

$$F_h y - \frac{qx^2}{2} = 0 \tag{3-65}$$

式中　q——拱轴线上部岩体的自重所产生的均布荷载；

　　　F_h——平衡拱拱顶截面的水平推力；

　　　x,y——M 点的 X,Y 轴坐标。

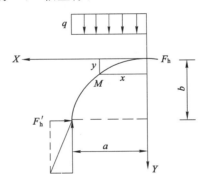

图 3-12　自然平衡拱计算简图

方程(3-65)中有两个未知数，还需建立一个方程才能求得其解。

由静力平衡方程可知，上述方程中的水平推力 $\boldsymbol{F}_h$ 与作用在拱脚的水平推力 $\boldsymbol{F}_h{}'$ 数值相等，方向相反，即有：

$$F_h = F_h{}' \tag{3-66}$$

由于拱脚很容易产生水平位移而改变整个拱的内力分布，因此普氏理论认为拱脚的水平推力必须满足下列要求：

$$F_h' \leqslant qa_1 f \tag{3-67}$$

即作用在拱脚处的水平推力必须小于或者等于垂直反力所产生的最大摩擦力，以便保持拱脚的稳定。

若将水平推力降低一半后，$F_h' = qa_1 f/2$，由式(3-65)可得拱轴线方程为：

$$y = \frac{x^2}{a_1 f} \tag{3-68}$$

显然，拱轴线方程是一条抛物线。根据式(3-68)可求得拱轴线上任意一点的高度。已知 $x = a_1$，即得出顶板岩层破坏深度 b_1：

$$b_1 = \frac{(a_1 + c)\cos \alpha}{f k_y} \tag{3-69}$$

式中　a_1——巷道的半跨距；

　　　α——煤层倾角；

　　　k_y——待锚岩层的稳定性系数；

　　　f——煤层普氏硬度系数。

根据式(3-69)，当煤体发生破坏时，可以很方便地求出自然平衡拱内的最大围岩压力值，见式(3-70)。

$$\begin{cases} F^{max} = c\left(\gamma_c h \sin \alpha + \gamma_m b \tan \dfrac{90° - \varphi}{2}\right) \\ F_h^{max} = 2\gamma_m a_1 b_1 B \end{cases} \tag{3-70}$$

式中　γ_m——巷道岩层平均容重；

　　　γ_c——煤体容重。

因此在静压巷道中，顶板锚固系统工作托锚力必须大于或等于岩体垂直压力 F_h^{max}，即有：

$$F_1 = F_{la_1} + F_{lb_1} \geqslant F_h^{max} \tag{3-71}$$

式中　F_1——锚固系统的总托锚力。

大屯矿区孔庄煤矿埋藏深度为 1 000 m。对孔庄煤矿－1015 水平井底车场混合马头门拱顶与安全通道上方加固的锚索托锚力进行了近 2 a 的托锚力监测，其监测结果如图 3-13 所示。由图 3-13 可以看出：

① 3 根锚索的托锚力均呈现出了先下降再趋平缓的规律。其中，1 号、2 号和 3 号锚索的预紧力分别为 15.70 kN、18.07 kN 和 22.94 kN，达到了设计的预紧力要求；至观测最后一组数据，3 根锚索的托锚力分别为 14.60 kN、15.44 kN 和 15.73 kN。预紧力高的锚索最终得到的托锚力也高。

② 从 3 根锚索的托锚力演化速度来看，1 号锚索最为稳定，3 号锚索次之，2 号锚索托锚力的波动幅度最大。在监测期间，3 号锚索托锚力的最大增加速度

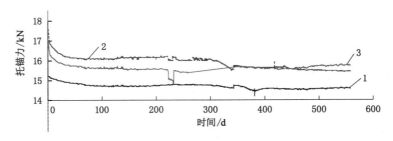

图 3-13 静压巷道托锚力的演化

分别为 4.32 kN/h、9.60 kN/h 和 8.0 kN/h，其减少的最大速度分别为 3.84 kN/h、14.40 kN/h 和 5.23 kN/h，其平均波动速度为 0.14 N/h、−1.86 N/h 和 −1.3 N/h。其波动速度为 0 N/h 的数据分别占总有效监测数据的 88.21%、83.09% 和 87.65%。1 号锚索波动速度增加和减少的比例各为 5.82% 和 5.98%；2 号锚索的分别为 8.19% 和 8.71%，3 号锚索的分别为 5.99% 和 6.38%。由此可见，托锚力速度总体保持平稳，托锚力平稳时间平均占整个监测期的 86.3%，托锚力速度增加和减少的幅度基本一致，分别为 6.67% 和 7.02%。

③ 由持续矿压监测效果来看，−1015 水平混合井筒北侧 35 m、南侧 20 m（共 55 m）范围内顶板下沉量、两帮收敛量和底鼓量均小于 5 mm；并且巷道支护体系在基本的加固期就完成 3 个月以内的变形量，其后变形量为 0。

3.2.4 采掘过程中顶板不同位置的锚杆对托锚力工况的影响

为了明确研究巷道顶板锚固及失效机理，对上述自然平衡拱内的岩体进一步细化，可以建立回采巷道顶板岩层三铰拱剪胀平衡力学模型，见图 3-14[158]。由上述分析可知，作用在巷道顶板的围岩压力仅是自然平衡拱内的岩体自重，即此区域的岩层工作机制类似于组合板的。由于顶板岩层抗拉强度低，在自重作用下，巷道顶板会在帮角及中央首先产生裂隙结构，在无支护的条件下，三铰拱是否失稳取决于岩体的抗剪强度是否可以抵抗层理面的剪应力。当层理面剪应力超过岩层抗剪强度后，裂块就沿着层理面发生剪切滑移，最终导致三铰拱块体发生过度回转而失稳。在有支护的条件下，锚固系统必须提供层状顶板足够锚固强度，增加岩层的抗剪强度，从而防止岩层沿剪切面发生剪切滑移，使顶板锚固结构处于稳定状态。

根据图 3-14 所示的巷道顶板岩层三铰拱剪胀平衡力学模型，可以确定巷道顶板岩层锚固强度的表达式。取顶板岩层锚固厚度为 H；巷道掘进宽度为 $2a_1$；顶板岩层容重为 γ，可求得三铰拱锚固块体层理面上承受的剪力 F_h。

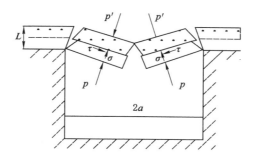

图 3-14　巷道顶板岩层三铰拱剪胀平衡力学模型

根据力学模型可知,当三铰拱稳定时,其铰接点 O 处弯矩 $M=0$,故有:

$$F_{\mathrm{h}} = \frac{q_{\mathrm{i}} a_1^2}{2H} \tag{3-72}$$

由于层理面上剪应力分布并不均匀,则在回采侧与非回采侧半拱块体层理面上承受的平均剪应力满足以下公式:

$$\tau_{\mathrm{m}} = \begin{cases} \dfrac{p' a_1}{2H} & （回采侧） \\[3mm] \dfrac{p'' a_1}{2H} & （非回采侧） \end{cases} \tag{3-73}$$

式中　τ_{m}——平均剪应力。

由此可得巷道顶板岩层锚固强度 σ 的表达式为:

$$\sigma = \frac{\tau_{\mathrm{m}}}{\tan \varphi} \tag{3-74}$$

在顶板边角处至顶板中央,τ_{m} 呈现线性增加。因此,当巷道层状顶板发生剪切滑移时,在巷道中央锚固强度 σ 相应变化最大,而在巷道边角处其相对较小。回采侧受采动附加应力影响,导致岩体受力 $p' > p''$,即对应的锚固强度 σ 也更大,反应在托锚力上,就是其数值增幅更大且更不稳定。

在淮南矿业集团朱集煤矿 1111(1)工作面轨道平巷掘进期间,在同一断面内对顶板上 7 根预应力锚杆各安装 1 组锚杆 YHY60 型托锚力远红外测试仪器。测试仪器间距为 750 mm,面向迎头自左向右编号依次为 1～7。1 号设备位于回采侧,7 号设备位于非回采侧。同一断面不同位置锚杆托锚力监测结果如图 3-15 所示,其波动特征见表 3-3。

① 预应力锚固系统的锚杆托锚力在开挖后至开采活动结束的过程中,呈现出复杂的波动演化规律:除经典的波动演化[顶板回采侧 1 号锚杆,见图 3-15(a)]过程外,还表现出无序急振荡波动[顶板回采侧 2 号锚杆,见图 3-15(b)]、缓

振荡渐增式波动[顶板回采侧 3 号、非回采侧 5 号锚杆,见图 3-15(c)]、多频次瞬降缓加速波动[顶板正中 4 号锚杆,见图 3-15(d)]、极低频缓增式波动[顶板非回采侧 6 号、7 号锚杆,见图 3-15(e)]的规律,全部 7 根锚杆的平均托锚力表现出似经典波动的规律,图 3-15(f)。

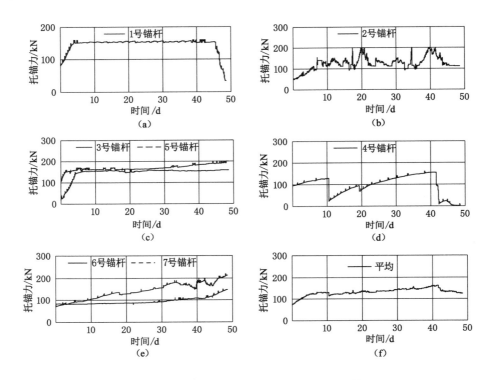

图 3-15　同一断面不同位置锚杆托锚力监测结果

② 根据实时动态监测结果显示,锚杆托锚力振荡缓增的波动周期越长,顶板越稳定,波动周期越短或出现瞬降现象后,顶板下沉愈剧烈。相对锚杆而言,锚索的波动演化规律更为复杂,锚索的残余锚固力损耗比值更大,锚杆的设计锚固力为 150 kN,至开采活动结束时平均残余锚固力为 123.8 kN,损失率为 17.5 %。

③ 锚杆托锚力在安设初期,一般为 3~5 d,进入回采影响阶段(超前工作面 30~50 m)的托锚力波动最为频繁,其余阶段则基本保持稳定。顶板正中的锚杆波动最为复杂。

表 3-3 同一断面不同位置锚杆托锚力演化波动特征

项目	锚杆编号							平均值
	1	2	3	4	5	6	7	
初始托锚力/kN	85.0	50.0	104.5	95.2	15.5	69.7	83.3	71.9
残余托锚力/kN	34.2	112.0	200.0	2.0	158.3	213.2	146.9	123.8
最大托锚力/kN	160.0	200.0	200.0	160.0	160.0	220.0	149.0	178.4
最小托锚力/kN	34.2	50.0	104.5	1.2	15.5	69.7	80.0	50.7
平均托锚力/kN	146.8	125.3	169.6	97.8	147.4	140.9	94.9	131.8
正增量最大值/(kN·min^{-1})	1.0	3.3	1.0	1.1	2.0	1.4	1.0	1.5
负增量最小值/(kN·min^{-1})	−1.5	−2.0	−1.0	−6.2	−1.1	−1.2	−1.0	−2.0
达到设计锚固力时间/d	3.1	15.4	0.9	38.2	4.1	24.2	49.0	19.3
总有效数据组数/组	6 970	6 900	6 917	6 995	6 864	6 992	6 994	6 947

3.2.5 不同初始预紧力对托锚力工况的影响

3.2.5.1 掘进期间初始支护对托锚力工况的影响

朱集煤矿 1112(1) 工作面轨道平巷掘进期间 2 个断面上顶板的锚杆托锚力实测结果如图 3-16 所示。两断面间隔 50 m。安装的托锚力测力计共 10 套。数据采集间隔为 15 min。每天采集 96 组数据。对于单根锚杆而言,可取得 2 600 余组数据。锚杆的材质、锚固性能要求均与 1111(1) 轨道平巷锚杆的一致,但顶板钢带上开 7 孔,同时布置锚杆和锚索,形成锚固承载梁。面向迎头,顶板自左而右的 2 号孔和 6 号孔布置锚索,其余布置锚杆。图 3-16(a) 所示为第 1 断面的 1 号、5 号、7 号以及其平均托锚力变化规律,图 3-16(b) 所示为第 2 断面的 1 号、3 号、4 号、5 号以及其平均托锚力的变化规律。

由图 3-16 可以看出:初始预紧力越大,得到的锚杆工作阻力越大。当初始预紧力小于 30 kN 时,顶板最右边的第 1 断面的 7 号锚杆工作阻力无根本变化,而顶板中部的第 2 断面的 3 号、4 号和 5 号锚杆工作阻力得到了显著增加,其主要原因是层状岩体巷道顶板的中部挠度和下沉值最大,锚杆托锚力被动增加。

第 1 断面在第 265 组数据,相当于巷道掘出的第 2.76 d,托锚力达到最大,然后出现瞬降;第 2 断面在第 259~308 组数据间托锚力出现大幅下降。结合顶板下沉的位移量测,可以得出此巷道开挖后的 65~77 h 是托锚力波动最为剧烈的阶段,此阶段顶板下沉量累计 35 mm 且无显著性离层,可以推断为顶板锚固段脱黏所致。3 d 以后平均托锚力趋稳,顶板下沉量亦基本稳定,巷道进入掘进稳定期间。此后两断面的平均锚杆托锚力分别为 99 kN 和 61 kN。

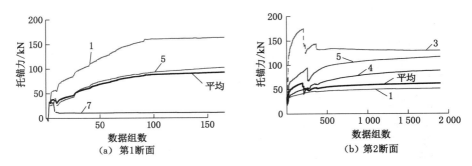

图 3-16　朱集矿 1112(1)轨道平巷掘进期间 2 个断面上锚杆托锚力实测结果

3.2.5.2　回采期间托锚力波动规律

回采期间锚杆托锚力的监测主要是通过在已经成巷的断面进行,在原有支护基础上补充安装新锚杆,加固时不进行预紧或仅将锚杆螺母与托锚、钢带紧贴岩面即可。测试的地点有 3 处(每处 7 根锚杆)。分别在朱集矿 1111(1)轨道平巷 Y110 处、丁集矿 1252(1)运输平巷 Y75 和 Y80 两个断面安设测力锚杆,其测试的结果如图 3-17 所示。

由图 3-17 可以得到以下规律。

① 由图 3-17(a)可以看出,由于安装测力锚杆时仅仅是将螺母、托盘和钢带贴紧了岩面,而未进行更大程度的预紧力,在超前采煤工作面 300～500 m 的范围内锚杆的托锚力仅有 10～20 kN 的小幅增加。但在超前工作面 180 m 时巷道顶板正中的 4 号锚杆的托锚力开始显著增加,由 50 kN 增加至超前工作面 195 m 时的 199 kN,托锚力增加幅度达 3 倍以上。靠近回采侧的 1 号、2 号和 3 号锚杆的托锚力也表现为振荡大幅增加,回采结束时其平均托锚力分别为 102.8 kN、135 kN 和 102.8 kN,托锚力平均值达到 114 kN,维持在较高的水平。2 号锚杆托锚力在超前工作面 135 m 时,托锚力达到 166.2 kN 的最高峰值。但非回采侧的 5 号、6 号和 7 号锚杆托锚力增加幅度很小,至回采结束时,其托锚力分别为 1.5 kN、193 kN 和 33.5 kN。顶板 7 根锚杆的平均托锚力呈现较为均匀的增加,至采煤工作面推进至测站时,其平均托锚力为 66.5 kN。

② 由图 3-17(b)和(c)可以看出,在丁集矿 1252(1)工作面运输平巷锚杆初始托锚力在 5～40 kN 之间,除 Y80 断面顶板正中的 47 号锚杆托锚力出现了振荡波动,其余锚杆的托锚力基本呈现出平稳变化的规律。

3.2.6　采动支承应力场对托锚力工况的影响

在朱集矿 1111(1)工作面轨道平巷内对顶板 7 根锚杆和 6 根锚索的托锚力

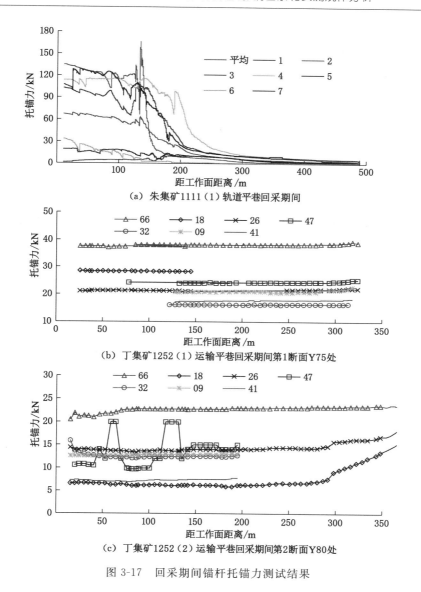

（a）朱集矿1111（1）轨道平巷回采期间

（b）丁集矿1252（1）运输平巷回采期间第1断面Y75处

（c）丁集矿1252（2）运输平巷回采期间第2断面Y80处

图 3-17　回采期间锚杆托锚力测试结果

进行监测。结合在煤体内埋设的振弦式钻孔应力计测得的采动支承压力可以绘制出随采煤工作面推进 180 m 范围以内的顶板锚固荷载与煤体内的应力作用关系曲线，如图 3-18 所示。振弦式钻孔应力计自 2 m 起按照 2 m 递增依次向煤体内平行安装；回采侧煤壁最深安装至 20 m，但煤体超 6 m 深时应力无明显变化，图 3-18(a)为 6 m 范围内的应力增量等值线。非回采侧煤体最深安装至

18 m,但应力增量基本沿煤体 9 m 界面对称分析。图 3-18(c)所示为 9 m 以内浅范围的煤体的测试结果。

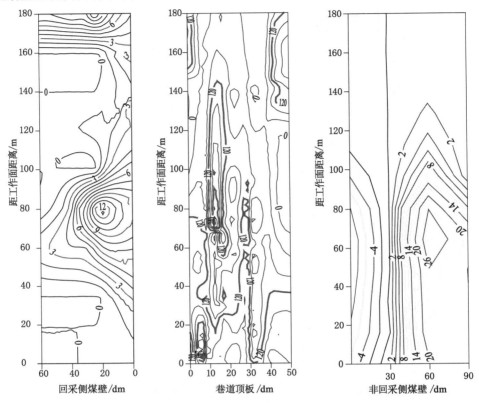

图 3-18　采动应力对托锚力的影响

由图 3-18 可以得出以下规律。

① 在锚杆与锚索组成的协调承载系统中,顶板托锚力分布不均匀。随采动影响,同一排锚杆和锚索的工作托锚力演化规律各不相同,但总体表现出顶板回采侧托锚力明显大于非回采侧的,尤其是在工作面前方 75 m 时,距回采侧顶板 1.2 m 处托锚力超过 240 kN,形成锚杆与锚索托锚力的最大峰值,距工作面 100 m 以外时,顶板托锚力基本维持在 100 kN 左右。

② 回采侧煤体在距工作面 180 m 处形成第 1 次支承压力的峰值,其值为 8.5 MPa,平均托锚力为 120 kN;在距工作面 80 m 处形成第 2 次支承压力的峰值,其值为 13.5 MPa。靠近回采侧的托锚力大于非回采侧的。实测该巷道的垂直应力为 19 MPa,则支承压力的增量系数分别为 1.5 和 1.7。

③ 非回采侧煤体,在距工作面 68 m 处形成支承压力峰值,其值为 31.5 MPa。距煤壁 6 m 处,支承压力的增量系数为 2.66,大于回采侧煤壁的。

④ 在工作面前方 60～80 m 处区域内,回采侧和非回采侧分别在 2～3 m 处和 6 m 处形成支承压力峰值。由于回采侧峰值区域更接近巷道表面,其对应的顶板锚固荷载峰值也偏向回采侧。非回采侧煤壁内甚至出现拉应力,对应顶板在非回采侧的锚固荷载亦接近于 0。由此可以得出,锚固协同承载系统的支承压力的峰值和位置有明显的作用关系;煤体两侧支承压力的峰值越靠近巷道两帮,则此侧顶板的锚固荷载越大。

3.2.7 护表构件刚度对托锚力工况的影响

受开采煤炭的影响,所有的回采巷道必须承受支承压力的影响。在强烈的动压扰动影响下,层状岩体的巷道顶板锚固系统会因支承压力而适当调整,才能发挥出协同承载的作用。

虽然目前预应力锚固系统在矿井中应用范围很广泛,但是锚固支护在工程实践中存在着一些问题[159-160]。通过数值模拟和理论分析,重新确立了锚固体的有效锚固结构,如图 3-19 所示。加固体是指锚固作用范围内的那部分岩石。靠近巷道表面的范围为弱效加固区。从工程的角度来看,弱效加固区经历变形→破裂→碎裂→整体失稳的过程,诱发了锚固体的应力状态变化,造成了托锚力急剧衰减、锚杆承载性能降低,进而加固体随之破坏,最终巷道失稳。因此采用合适的护表构件提高弱效加固区稳定性对于巷道稳定有重要意义。

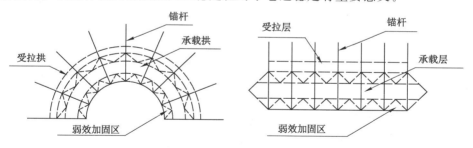

图 3-19 锚杆支护体系中弱效加固区

护表构件首要作用就是保护过于破碎的岩体表面,避免破碎区向巷道深部发展,使围岩深部依然保持三向受力状态。另外,护表构件与锚固系统共同组成组合梁或承压拱,达到整体支护效应。护表构件通过锚固系统施加的预紧力主动作用于围岩上,使锚固系统形成的压应力区更平均作用于整体巷道表面。根据现场实测,刚度很高的金属托梁可以起到协调锚杆、锚索受力的作用,使全部锚固索均匀受力,避免局部区域锚固系统的失效。

在有些情况下,尽管锚固系统施工质量得到了保证,仍然会出现巷道失稳现象。例如,在锚固体系刚度过小时,围岩已严重发生明显的碎胀变形而形成网兜,锚固系统未达到设计锚固力时就已经进入锚空失效状态,此时必需研发或使用刚度更强的护表构件。

3.3 锚杆工作托锚力实测类型分析

3.3.1 锚杆工作托锚力测试仪器及测试地点基本情况

3.3.1.1 托锚力测试仪器

常用的托锚力测试仪器为人工读数的测力计。测力计的液压盒容易卸压漏油而且表盘易失灵,采集的数据有限。本次测试托锚力的测试仪器为 YHY60 型托锚力测试仪。这种测试仪数据传输采用无线监测系统,其数据传输半径为 50 m,其测量精度范围为 10 N,不仅可用于锚杆和锚索等锚固荷载监测,也可通过联结件对单体液压支柱、液压支架等的受力进行监测,也可以结合顶板离层仪监测顶板离层量。主体表头部分可回收并进行二次利用,其记忆存储可达 1 Mb。这种测试仪的红外无线传输功能自动根据需要记录数据,大大方便了监测和数据提取工作;其配套软件可以实现数据的提取和分析。数据采集的间隔时间可以根据需要设定。常规选用的时间频率为 10 min/次、15 min/次和 1 h/次。YHY60 型远红外托锚力测试仪照片如图 3-20 所示。

图 3-20 YHY60 型远红外托锚力测试仪照片

3.3.1.2 锚杆托锚力测试点基本情况

锚杆托锚力测试的地点共有 3 条巷道、4 处地点,其分别为朱集 1111(1)工作面轨道平巷 G150、G110 地点顶板(7 根锚杆),1112(1)工作面轨道平巷 G110、G115 地点顶板(10 根锚杆)和丁集 1252(1)工作面运输平巷 Y75、Y80 地点顶板(7 根锚杆)。共计 31 根锚杆。

(1) 朱集 1111(1)工作面轨道平巷 G150 处和 G110 处

1111(1)工作面是朱集矿投产后的第一个采煤工作面。测试过程经历了巷道掘出至回采的整个过程。该工作面主采 11-2 煤,煤层平均厚度 1.26 m。沿 11-2 煤顶板回采高度为 1.8 m,煤层倾角为 1°~5°,平均倾角为 3°。该工作面标高为−877.6~−907.0 m,地面标高为+23.5 m,平均开采深度为 910 m。该工作面长 220 m,可采长度 1 612 m。该工作面直接顶为泥岩,平均厚度 9.9 m。该工作面顶板揭露的层理为 1~50 cm 不等的分层结构,如图 3-21 所示;老顶为细砂岩及粉砂岩,平均厚度 3.2 m。

图 3-21　迎头揭露巷道顶板分层产状

巷道断面形状为矩形,其尺寸(宽度×高度)为 5.0 m×3.0 m。巷道支护形式为:① 顶板锚杆采用间排距 750 mm×800 mm,直径 22 mm,长度 2 800 mm,屈服强度 400 MPa 的无纵筋高强螺纹钢锚杆。② 顶板锚索采用一梁四孔的锚索梁。梁为 20# 槽钢;锚索为直径 21.8 mm,屈服强度 1 860 MPa 的高强度低松弛钢绞线。锚索梁排距为 800 mm。③ 两帮锚杆采用间排距 650 mm×800 mm,直径 20 mm,长度 2 500 mm 全螺纹等强锚杆。两帮各打 5 根锚杆。④ 顶板及两帮均采用 8# 铁丝网和 M5、M4 型钢带护表构件。自巷道掘进至工作面进回采时,采前两帮平均位移为 300~350 mm,左右两帮位移基本相等;顶底板移近量平均为 600 mm,远大于两帮移近量。其中顶板下沉 150~200 mm,底鼓 400 mm 以上。顶板最大累计离层量为 94 mm。巷道支护实照如图 3-22 所示。

(2) 朱集 1112(1)工作面轨道平巷 G110 处和 G115 处

以朱集煤矿 1112(1)工作面轨道平巷掘进期间 2 个断面上顶板的锚杆托锚力实测结果如图 3-16 所示。2 断面间隔 50 m。安装的托锚力测力计共 10 套。

<table>
<tr><td>（a）掘进稳定期间</td><td>（b）采前0～50 m</td></tr>
</table>

图 3-22　巷道支护实照

数据采集间隔为 15 min，每天采集 96 组数据。对于单根锚杆而言取得 2 600 余组数据，对于全部锚杆而言取得超过 2 万组数据。锚杆材质、锚固性能要求均与 1111(1) 轨道平巷的一致。但顶板钢带上开 7 孔，同时布置锚杆和锚索，形成锚固承载梁，面向迎头。顶板自左而右的 2# 孔和 6# 布置锚索；其余孔布置锚杆，如图 3-23 所示。

图 3-23　锚杆托锚力测站安设实照

（3）丁集矿 1252(1) 运输平巷 Y75 处和 Y80 处

在丁集矿 1252(1) 运输平巷 Y75 和 Y80 两个断面回采期间的锚杆托锚力的监测对象为加固的锚杆。在锚杆安设过程中不进行预紧或仅将锚杆螺母与托锚、钢带紧贴岩面即可。进行测试的地点有 3 处，每处 7 根锚杆。在朱集矿 1111(1) 轨道平巷设置 1 处，丁集矿 1252(1) 运输平巷 Y75 和 Y80 两个断面设置 2 处。

3.3.1.3　锚索托锚力测试地点及编号

采用 YBY60 型锚索测力计分别在淮南矿业集团朱集煤矿、丁集煤矿和谢桥煤矿的 4 个工作面 7 条巷道内对 39 根小孔径矿用锚索在掘进、掘进稳定和回采动期间的托锚力进行了测试。各地点的测站编号及数量如下：朱集煤矿 1111 (1)工作面轨道平巷掘进期间顶板共 3 个断面，第 1 断面 3 处锚索，编号分别为 ZJJC01#、ZJJC02#、ZJJC03#，第 2 断面 3 处锚索，编号分别为 ZJJC04#、ZJJC05#、ZJJC06#，两断面间距 0.8 m。② 朱集煤矿 1111(1)工作面轨道平巷掘进稳定及回采期间顶板共 8 处锚索，编号分别为回采侧帮部 ZJC01#，顶板 ZJC02#、ZJC03#、ZJC04#、ZJC05#、ZC06#，非回采侧帮部 ZJC07# 和 ZJC08#。③ 朱集煤矿 1111(1)工作面轨道平巷底板巷采动期间顶板 3 处锚索编号分别为 ZJDC61#、ZJDC63# 和 ZJC69#；朱集煤矿 1112(1)工作面轨道平巷掘进期间顶板 2 个全断面，各 4 处锚索。④ 丁集煤矿 1252(1)工作面运输平巷采动期间 2 个全断面，各 4 处锚索，编号分别为 DJYS-C50#、DJYS-C51#、DJYS-C62#、DJYS-C65#。⑤ 谢桥煤矿 13216 工作面轨道平巷掘进期间顶板 2 套锚索，编号分别为 XQJC01#、XQJC02#。锚索安装后现场实照如图 3-24 所示。

图 3-24　锚索安装后现场实照

（1）锚索的最大力

矿用锚索的最大力按下式进行计算：

$$R_a = \eta \cdot n \cdot S_n \cdot R_m \qquad (3\text{-}75)$$

式中 R_a——矿用锚索最大力，N；

η——锚具效率系数（取 0.95）；

n——钢绞线根数；

S_n——单根钢绞线参考截面面积，mm^2；

R_m——钢绞线抗拉强度，MPa。

监测工程中采用的锚索规格均为 1 根高强度低松弛直径 21.8 mm 的锚索。参考截面面积为 312.9 mm^2，抗拉强度为 1 860 MPa，则其最大力为：

$$R_a = 0.95 \times 1 \times 321.9 \times 1\,860 = 552\,894.3\,(N) \approx 552.9\,(kN)$$

（2）预应力锚索锚固的安全系数

不同规范对预应力锚固技术安全系数的规定[161-162]分别见表 3-4 和表 3-5。

表 3-4 水工行业关于胶结式锚固段安全系数的规定

工程性质与锚杆孔方向	永久性锚固工程		临时性锚固工程	
	仰孔	俯孔	仰孔	俯孔
安全系数 S_{fc}	2.0	1.5	1.6	1.2

表 3-5 岩石预应力锚杆锚固体设计的安全系数

锚杆破坏后危害程度	最小安全系数	
	锚杆服务年限（$\leqslant$2 a）	锚杆服务年限（$\geqslant$2 a）
危害轻微不会构成公共安全问题	1.4	1.8
危害较大但公共安全无问题	1.6	2.0
危害大会出现公共安全问题	1.8	2.2

煤炭行业关于预应力锚固工程设计中的锚索安全系数一般取 1.5～2.0[163]。

回采巷道均需要承受动压影响，尤其是沿空留巷或动压巷道。本章监测涉及的巷道工程服务年限均大于 2 a，且锚索破坏后的危害是易出现公共安全问题。因此在设计中将锚索的安全系数确定为 2.2。

（3）锚索的工作载荷和预紧力

在不考虑安全系数时，锚索的设计承载力为：

$$N_t = m \cdot n \cdot S_n \cdot R_m \qquad (3\text{-}76)$$

式中 N_t——矿用锚索设计承载力，N；

m——锚索张拉控制系数，不大于 0.60。

$N_t = 0.60 \times 1 \times 321.9 \times 1\,860 = 349\,196.4$（N）$\approx 349.2$（kN）

锚索安全系数为 2.2 时，其设计承载力为：

$$N_t = \frac{R_m}{K_{fc}} \tag{3-77}$$

式中　K_{fc}——矿用锚索的安全系数，取 2.2。

$N_t = 552\,894.3/2.2 = 251\,315$（N）$\approx 251$（kN）

取锚索设计承载力为 250 kN，其值的 0.65～0.70 为预紧力值，则其预紧力为：

$$F_{预} = 250 \times (0.65 \sim 0.70) = 162.5 \sim 175$$（kN）

（4）锚索黏结段的强度

树脂材料与围岩的黏结强度[164]，见表 3-6。

表 3-6　树脂材料与围岩的黏结强度

序号	围岩类型	围岩抗压强度/MPa	黏结强度/MPa
1	黏土岩、粉砂岩	5.0	1.2～1.6
2	煤、页岩、泥灰岩、砂岩	14.0	1.6～3.0
3	砂岩、石灰岩	50.0	3.0～5.0
4	花岗岩及类似的火成岩	100.0	5.0～7.0

预应力锚固体系中的锚杆与锚索除了材料有区别外，其锚固机理相同，在巷道掘进至回采结束的阶段均表现相似的波动规律性。

3.3.2　工作托锚力稳定类型的实测结果及原因分析

实测锚杆锚索托锚力在掘进、回采期间呈现出稳定类型的状况有 5 种，分别为稳定型、跃升趋稳型、单一渐增型、单一缓降型和缓降趋稳型。

3.3.2.1　稳定型

如图 3-25 所示，锚索预紧力在安装结束后由于钢绞线回弹或千斤顶回油引起部分预应力损失，此阶段时间占监测时间较短，在分析整个演化过程中可以忽略。锚索安装完毕后锚固力数值一直维持在预紧力附近，随时间推进其数值略有变化。此类规律均出现在丁集矿 1252(1) 运输平巷 Y75 处。4 套锚索的监测有效时长均为 51.80 d。数据采集每 15 min 一次，共取得有效数据 5 000 余组。

① 在整个监测过程中，锚索锚固力基本与预紧力一致，整体稳定，且波动幅度很小。至采动活动结束，C50#、C51#、C62# 和 C65# 锚索的最终托锚数值分

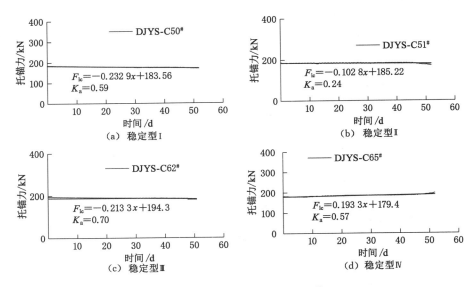

图 3-25　稳定型托锚力波动规律

别为 170.3 kN、172.1 kN、180.5 kN 和 196.6 kN，平均锚固力为 179.7 kN。除 C65# 锚索托锚力略高于初始值 13.98 kN 外，其他 3 套锚索托锚力均低于初始数值，降幅分别为 8.93%、11.68% 和 3.61%。采动过程结束时平均锚固力为 179.86 kN，低于安装值 8.05 kN，且整个监测过程锚固力数值均低于锚索的设计工作载荷。

② 对稳定型锚索托锚力的演化规律进行线性回归后的方程分别为：$F_{lc} = -0.232\,9x + 183.56$（C50# 锚索）、$F_{lc} = -0.102\,8x + 185.22$（C51# 锚索）、$F_{lc} = -0.213\,3x + 194.3$（C62# 锚索）和 $F_{lc} = 0.193\,3x + 179.4$（C65# 锚索），4 套锚索锚固力的拟合线性方程为 $F_{lc} = -0.062x + 184.49$。4 套锚索锚固力的线性方程的相关系数分别为 0.026\,9、0.059\,5、0.495\,5 和 0.324\,6，均为显著性线性相关。4 套锚索锚固力的拟合线性方程的相关系数为显著正相关。

③ 稳定型的演化规律表明锚索的工作状况较稳定。虽然锚索预紧力达到了设计值，但锚索工作载荷没有达到锚索的设计工作载荷，需要根据设置测站的顶板下沉量综合评价锚索对围岩变形的控制效果。

3.3.3.2　跃升趋稳型

如图 3-26 所示，锚固力较稳定，且逐步攀升或缓慢波动。至采动过程结束时，锚索的工作载荷仍能够维持在设计工作载荷附近或大于设计工作载荷。图 3-26 中反映的是朱集矿 1111(1) 轨道平巷掘进期间安设在顶板同一断面的

JC01$^{\#}$锚索和 JC04$^{\#}$锚索,前者位于巷道顶板正中,后者距帮部 1.1 m。跃升趋稳型托锚力波动演化特征见表 3-7。

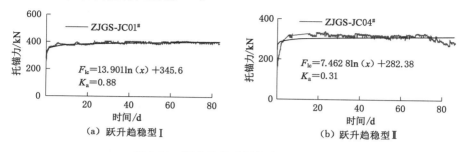

图 3-26　跃升趋稳型托锚力波动规律

表 3-7　跃升趋稳型托锚力波动演化特征

锚索编号	托锚力/kN				托锚力波动速度/(kN·min^{-1})		
	预紧力	最大	最小	平均	最大增速	最大降速	总体平均
ZJGS-JC01$^{\#}$	253.5	416.8	389.2	393.2	0.1	−0.2	0.13
ZJGS-JC04$^{\#}$	145.4	338.6	292.6	310.0	3.45	−2.3	1.1

① 两组锚索总共测试时间近 80 d,有效数据 12 000 组。两组锚索均巷道掘出 5.56 d 后达到初步稳定状态,此时 JC01$^{\#}$锚索托锚力为 398.4 kN、JC04$^{\#}$锚索托锚力为 313.3 kN。2 组数据变化规律均呈现对数形式的规律,且显著性相关。JC01$^{\#}$锚索托锚力的回归方程为 $F_{lc}=13.901\ln(x)+345.6(0\leqslant x\leqslant 78.89)$,JC04$^{\#}$锚索托锚力的回归方程为 $F_{lc}=7.4628\ln(x)+282.38(0\leqslant x\leqslant 79.99)$。

② 跃升趋稳型托锚力的波动演化规律与初始预紧力关联性较大。预紧力越高,趋稳的时间无异,但趋稳时的托锚力数值越大。JC01$^{\#}$锚索托锚力稳定值高出 JC04$^{\#}$锚索托锚力稳定值 75.9 kN。从托锚力的波动速度来看,预紧力越高,托锚力越平稳。

③ 跃升趋稳型的锚索在整个监测过程一直维持在高工作载荷状态,而且波动的幅值较小。跃升趋稳型是一种控制围岩变形尤其是维护顶板稳定的理想状态。

3.3.2.3　单一渐增型

单一渐增型托锚力波动规律如图 3-27 所示。2 套锚索分别为图 3-27(a)所示的朱集矿 1111(1)轨道平巷底板巷 C69$^{\#}$锚索和图 3-27(b)所示的朱集矿 1111

（1）轨道平巷 C06# 锚索。自锚索安设后，其工作载荷稳步攀升，在攀升过程中有小幅波动，但总体呈现出单一增长趋势，且至采动过程结束时仍保持增长趋势。单一渐增型托锚力波动演化特征见表 3-8。

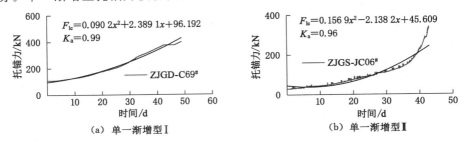

图 3-27　单一渐增型托锚力波动规律

表 3-8　单一渐增型托锚力波动演化特征

锚索编号	托锚力/kN				托锚力波动速度/(kN·min⁻¹)		
	预紧力	最大	最小	平均	最大增速	最大降速	总体平均
ZJGS-C69#	129.0	398.6	129.0	230.7	4.72	−1.23	0.01
ZJGS-C06#	31.2	334.7	31.2	92.96	2.82	−1.70	5×10^{-4}

① ZJGD-C69# 和 ZJGS-C06# 锚索有效监测时长分别为 48.86 d 和 42.9 d，有效数据分别为 3 600 和 3 900 余组。前者采集频度为 15 min/次，后者采集频度为 10 min/次。

② 由图 3-27 和表 3-8 可以看出，单一渐增型的波动类型与锚索的初始预紧力密切相关。C69# 锚索的最终托锚力比 C06# 锚索的高出 63.9 kN。虽然 C06# 锚索的最终托锚力与预紧力比值达到 10.7 倍，但其预紧力仅为 31.20 kN，为设计预紧力的 1/5。

③ 单一渐增式波动分布规律的锚索的工作载荷的增加与初始预紧力密切相关。预紧力越高，锚索达到设计工作载荷的速度越快。例如，C06# 锚索的预拉力为 C69# 锚索的 24.2%，C06# 锚索达到设计工作载荷的时间为 C69# 锚索的 1.39 倍。

④ 对图 3-27 中 2 套锚索托锚力的监测数据进行非线性回归分析后，锚索托锚力与时间规律均符合二项式分布，且显著性相关。C69# 锚索托锚力的回归方程为 $F_{lc}=0.090\ 2x^2+2.389\ 1x+96.192(0\leqslant x\leqslant48.86)$，C06# 锚索的回归方程为 $F_{lc}=0.156\ 9x^2-2.138\ 2x+45.609(0\leqslant x\leqslant42.90)$。

⑤ 在保证锚索预紧力状况下，单一增长型的锚固力演化规律是控制巷道围

岩变形尤其是顶板下沉的较理想类型。

3.3.2.4 单一缓降型

单一缓降型托锚力波动规律如图 3-28 所示。单一缓降型托锚力演化特征见表 3-9。2 套锚索均布置在朱集矿 1111(1)轨道平巷。JC06$^\#$锚索和 JC07$^\#$锚索有效监测时长 38 d,有效数据组数 5 500 组。数据采集频度为 10 min/次。自锚索安设后其工作载荷单调保持下降,下降过程中有小幅波动,但总体呈现出单一降低趋势,且至采动过程结束时仍保持降低趋势。

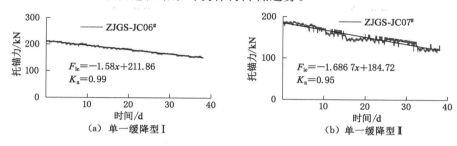

图 3-28 单一缓降型托锚力波动规律

① 单一缓降型波动规律锚索由于初始预紧力较高,总体的波动速度虽然为负值,但其值非常小。JC07$^\#$锚索仅为-1×10^{-6} kN/min,所以其残余锚固力仍大于设计预紧力值。最大、最小及残余托锚力和托锚力波动速度见表 3-9。与预紧力相比,JC06$^\#$锚索锚固力损失 59.0 kN,降幅达 28.0%;JC07$^\#$锚索锚固力损失 64.0 kN,降幅达 34.54%。

表 3-9 单一缓降型托锚力波动演化特征

锚索编号	托锚力/kN				托锚力波动速度/(kN·min^{-1})		
	预紧力	最大	最小	平均	最大增速	最大降速	总体平均
ZJGS-JC06$^\#$	210.8	213.2	148.0	151.8	0.3	-0.5	-1×10^{-3}
ZJGS-JC07$^\#$	185.3	188.6	113.8	121.3	0.13	-0.11	-1×10^{-6}

② 对图 3-28 中 2 套锚索托锚力的监测数据进行非线性回归分析。托锚力与时间呈线性相关。JC06$^\#$锚索托锚力的回归方程为 $F_{lc}=-1.58x+211.86$ ($0\leqslant x\leqslant38.04$),JC07$^\#$锚索托锚力的回归方程为 $F_{lc}=-1.68x+184.72$($0\leqslant x\leqslant38.50$)。

③ 由图 3-28 可以看出,虽然单一缓降型的锚固力总体持续降低,但在整个演化过程中并没有出现大幅的速降现象,而是以较稳定的速度缓慢下降。对于

图 3-28(a)所示的 JC06$^{\#}$ 锚索,因为安装时预紧力高于设计预紧力,其最终的残余锚固力仍维持在较高水平。单一缓降型托锚力波动规律对控制巷道围岩变形或顶板下沉较有利。结合观测地点的顶板下沉仅为 50 mm,可以得出此类波动类型的主要原因为钢绞线的松弛引起的时间效应。

3.3.2.5 缓增趋稳型

缓增趋移型锚索托锚力波动规律如图 3-29 所示。安装初期锚索托锚力即保持缓增的趋势[见图 3-29(a)],或者锚索托锚力保持一段时间的稳定后再呈现出缓增的趋势[见图 3-29(b)],在达到最大锚固力后出现小幅度缓降。但在整个采动期间,锚索的工作载荷均维持在较高阻力状态。缓增趋稳型托锚力波动演化特征见表 3-10。

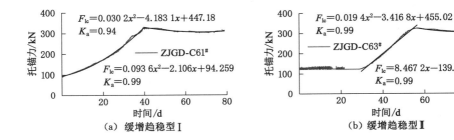

图 3-29　缓增趋稳型托锚力波动规律

表 3-10　缓增趋稳型托锚力波动演化特征

锚索编号	趋稳前缓增段托锚力/kN				趋稳后托锚力/kN			
	预紧力	最大	最小	平均	最大	最大	平均	残余
ZJGD-C61$^{\#}$	151.1	326.8	151.1	200.2	325.6	309.5	310.3	312.6
ZJGD-C63$^{\#}$	122.5	322.7	126.5	236.5	322.4	305.6	308.1	305.6

① 缓增趋稳型托锚力波动规律显示出 2 套锚索托锚力一直保持单一增长状态,至监测结束时,锚索托锚力仍维持在较高的状态,其数值超过为 300 kN,高于设计工作载荷。

② 对图 3-29 中 C61$^{\#}$ 锚索托锚力数据进行回归分析研究后,其缓增阶段和趋稳阶段均表现为二项式非线性方程,第 1 阶段的回归方程为 $F_{lc}=0.093\ 6x^2-2.106x+94.259(0\leqslant x\leqslant39.84)$,第 2 阶段的回归方程为 $F_{lc}=0.030\ 2x^2-4.183\ 1x+447.18(39.84<x\leqslant78.85)$。C63$^{\#}$ 锚固力可以分为稳定、缓增和趋稳三个阶段,各阶段的回归方程分别为:稳定型的第 1 阶段为常数型,$F_{lc}=$

$126.63(0 \leqslant x \leqslant 29.64)$；缓增型的第 2 阶段为线性回归，$F_{lc} = 8.467\ 2x - 139.83$ $(29.64 < x \leqslant 56.51)$；趋稳型的第 3 阶段为二次式非线性回归，$F_{lc} = 0.019\ 4x^2 - 3.416\ 8x + 455.02\ (56.51 < x \leqslant 80)$。

③ C61$^\#$ 锚索和 C63$^\#$ 锚索托锚力在趋稳后维持在高出设计工作载荷 20% 的工作状态。尤其是 C61$^\#$ 锚索自安装后其托锚力就进入了缓增阶段，这对控制巷道围岩变形更为有利。

3.3.3　工作托锚力完全失效类型的实测结果及原因分析

瞬降失效型托锚力波动规律如图 3-30 所示。朱集矿 1111(1) 轨道平巷的 C02$^\#$ 锚索和 C03$^\#$ 锚索托锚力初期渐增式增长，但达到某一数值后在短时间内出现急剧下降，下降平稳后，锚固力数值为零或小于设计工作载荷的 10%。2 套锚索监测时长为 47 d，有效数据为 7 000 余组。托锚力瞬降后锚索支护基本进入失效状态。瞬降失效型托锚力波动演化特征见表 3-11。

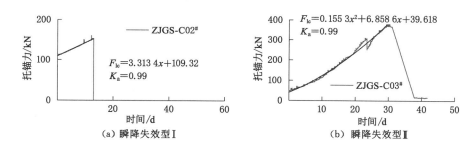

图 3-30　瞬降失效型托锚力波动规律

表 3-11　瞬降失效型托锚力波动演化特征

锚索编号	瞬降前托锚力/kN				瞬降后托锚力/kN			降幅/%
	预紧力	最大	最小	平均	最大	最小	平均	
ZJGS-C02$^\#$	111.6	151.2	174.4	132.9	0	0	0	100%
ZJGS-C03$^\#$	46.6	366.30	46.4	194.6	16.7	13.3	14.1	94%

① 实际情况下 2 套锚索在托锚力瞬降后均已破断。C02$^\#$ 锚索完全断裂，托锚力为 0。C03$^\#$ 锚索出现抽丝（即部分钢铰先断裂），然后整体基本失效；托锚力降幅达到 94%，至采动活动结束，锚固力数值均维持在 14.1 kN 以下，仅为设计工作载荷的 6%。

② 对图 3-30 中 2 套锚索托锚力的监测数据进行回归分析研究。C02$^\#$ 锚索

锚固力瞬降前符合线性分布,回归方程为 $F_{lc}=3.3134x+109.32(0\leqslant x\leqslant12.94)$ 且为显著性相关;当 $x>12.94$ 时,$F_{lc}=0$。C03$^{\#}$锚索锚固力破断前符合二项式分布,其回归方程为 $F_{lc}=0.1553x^2+6.8586x+39.618(0\leqslant x\leqslant29.46)$ 且为显著性相关;当 $x>29.46$ 后,托锚力基本为一常数,即 $F_{lc}=14.1$。

③ 2 套锚索的锚固力在瞬降失效前均保持小幅波动的增长规律。C02$^{\#}$锚索的最大增速为 1.35 kN/min,最大降速为 4.37 kN/min,平均增速为零,总体表现为缓增趋势。C03$^{\#}$锚索托锚力的最大增速为 1.09 kN/min,最大降速为 5.59 kN/min,平均速度表现为正增长速度(其数值为 0.01 kN/min),瞬降失效前平均锚固力为 184.99 kN。

④ C02$^{\#}$锚索和 C03$^{\#}$锚索在瞬降失效前均有较大的工作载荷,但因为瞬降后的锚固力为 0 或仅为设计工作载荷的 6%,无论锚索是破裂型失效、剪切型失效或拉剪复合型失效,锚索已几乎完全丧失了支护作用。因此,此类型的锚索在控制巷道围岩变形尤其是顶板下沉时为最不利的一种波动演化规律的锚索。

3.3.4 工作托锚力部分失效类型的实测结果及原因分析

实测锚杆锚索托锚力部分失效的类型有 2 种,分别为锯齿振荡型和台阶瞬降型。

3.3.4.1 锯齿振荡型波动

如图 3-31 和表 3-12 所示,对朱集矿 1111(1)轨道平巷的 ZJGS-C04$^{\#}$锚索和 ZJGS-C05$^{\#}$锚索在采动过程中的锚固力进行监测后发现,锚固初期锚固力呈现单一渐增型深化,达到某一瞬间后锚固力突然出现下降(从图中来看为直线下降),锚固力下降后或稳定在较低数值一段时间或又重新缓慢式渐增,达到另一时刻后又出现此类情况,总体呈现出直锯齿型反复振荡。

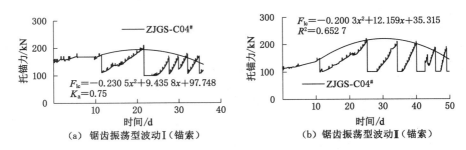

(a) 锯齿振荡型波动Ⅰ(锚索) (b) 锯齿振荡型波动Ⅱ(锚索)

图 3-31 锯齿形振荡波动演化规律

表 3-12　锯齿形振荡波动演化规律特征

编号	监测项目	测试数值						
ZJGS-C04#	峰前值/kN	173.9	206	164.1	164.8	177	169.7	118.6
	峰后值/kN	155	113	100	105.4	122.3	106.8	106.8
	降幅/%	11%	45%	39%	36%	31%	37%	10%
	区间时长/d	11.5	10.16	6.04	2.28	2.13	2.82	0.93
	瞬降速度/(kN·min^{-1})	6.09	10.6	5.87	4.25	7.02	6.29	0.01
ZJGS-C05#	峰前值/kN	147.9	212	209	203.4	187	183.5	100
	峰后值/kN	4.79	11.2	10.9	10.34	8.7	8.35	100
	降幅/%	97%	95%	95%	95%	95%	95%	0%
	区间时长/d	10.26	14.42	9.26	5.75	5.57	3.46	0.63
	瞬降速度/(kN·min^{-1})	1.89	5.46	8.37	12.49	10.85	16.76	0

① C04#锚索和 C05#锚索在采动过程的监测期间内均出现了 7 次大幅度的锯齿形振波动,两者的平均振荡周期分别为 5.12 d 和 7.12 d,但前者至监测结束时锚固仍保持在小幅增长的状态。

② C04#锚索各区间的峰值数据回归后符合 $F_{lc} = -0.230\ 5x^2 + 9.435\ 8x + 97.748$ 二项式分布,由于区间的锚固力基本呈现线性增加的规律,所以锚固力峰值越大,本区间的时段也就越长。对 C05#锚索各区间的峰值进行回归分析后,其各区间的峰值数据符合二项式分布,锚固力回归方程为 $y = -0.200\ 3x^2 + 12.159x + 35.315$,最后一区间内锚固力稳定在 100 kN。

③ 锚固力呈现锯齿形振荡波动的原因较复杂,但可以从以下几个方面来分析研究。(a) 从锚固作用原理来看,树脂药卷与围岩的黏结力不足,形成周期性渐进式分段破坏后,容易造成锚固力骤降,但又不至于失效,即锚固力未降至 0。(b) 从围岩的破坏发展形态来看,尤其是顶板层状煤系地层在水平应力和自重应力双重作用下,薄层状岩体发生弯曲变形,导致弱面离层,变形持续发展,在渐次向上垮冒,造成护表构件与岩体表面的接触不足,形成锚固的事实上的锚空,出现锚固力骤降,但骤降后仍有一定的锚固力,渐次向上垮冒的岩层与护表构件重新压实的过程中,锚固力又重新开始上升,周而复始形成了锯齿形振荡波动。(c) 从锚固的材料材质来看,尤其是锚具和夹片,其强度应与钢绞线的强度相匹配,如果两者不匹配的话,尤其是钢绞线受力大于夹片的最大握裹力后,锚具容易沿外露的锚索退锚,甚至完全退掉。锚具发生退锚后,锚固力又逐步攀升至夹片能够提供的最大强度,然后又随锚具的退锚骤降,出现周期性锯齿型波动。(d) 锚索拉断引起的退锚。受高地压影响,锚索拉断时一般由一股逐渐发展为二股或多股整体拉断。单股钢线的断裂能够引起整个钢绞线之间相互错动导致

退锚,且多表现为支护强度不足,锚索密度不够。有时也可能单个锚索锚固不足,难以发挥整体群锚锚固效应。⑤ 锚索剪断引起的退锚。比起锚索抗拉特性,锚索抗剪的能力要差得多,仅为前者的 10%～20%。锚索剪断多发生在锚索孔口边缘处,出现这种现象的原因为锚索空间形态不在同一直线上。受围岩表面、护表构件或各种锚索梁的影响,不采用万向球垫的锚索在空间形态上呈"L"形等折线形。护表构件或梁的开口工艺不当,其边缘未做磨圆倒棱处理,也会导致锚索剪断。防止锚索剪断引起退锚的首选方式为在锚具后方增加万向调心球垫,保证锚索处在直线状态。

④ 当然具体的原因应该全面深入分析研究,且需要结合顶板或两帮围岩的下沉或收敛以及试验检测来最终确定。实测朱集 1111(1)轨道平巷 C04# 和 C05# 锚索的锯齿形的波动应为锚具退锚所致。钢绞线与锚具强度不匹配,钢绞线的强度为 1 860 MPa,而夹片强度比其低一个级别,仅为 1 720 MPa。

⑤ 呈现锯齿形振荡波动规律的锚索受力较为复杂。以观测的数据来看,整个过程内锚固力都没有达到锚索的设计工作载荷,且又多次出现瞬降,对巷道围岩的控制或顶板安全的控制尤为不利。

3.3.4.2 台阶瞬降形

如图 3-32 和表 3-13 所示,在朱集矿 1111(1)轨道平巷所监测的 2 套锚索的锚固力呈现出了明显的台阶式瞬降波动,且锚固力瞬降后趋稳,远未达到瞬降前的数值,受时间或采动影响,也可能出现多次台阶式瞬降。2 套锚索的有效监测时长为 38 d。

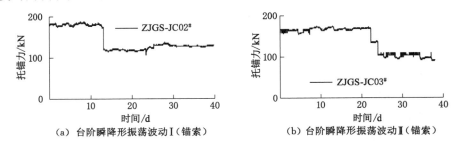

(a) 台阶瞬降形振荡波动Ⅰ(锚索)　　(b) 台阶瞬降形振荡波动Ⅱ(锚索)

图 3-32　台阶瞬降形振荡波动

表 3-13　台阶瞬降形托锚力波动演化规律

锚索编号	台阶瞬降前托锚力/kN				台阶瞬降后托锚力/kN			降幅/%
	预紧力	最大	最小	平均	最大	最小	平均	
ZJGS-JC02#	181.1	187.8	174.4	178.5	132.3	109.3	127.2	28.7%
ZJGS-JC03#	167.0	174.5	153.8	172.2	109.9	83.4	103.2	40.1%

①　JC02#和JC03#锚索锚固力在瞬降前后均保持了较为平稳的规律,但发生瞬降时降幅较大,分别达到了28.7%和40.7%,台阶下降量甚至大于初始预紧力和残余锚固力的差值。JC03#锚索在22.33 d和24.02 d时出现了2次台阶式瞬降,锚固力由135.4 kN跌至103.2 kN;10 min内锚固力下降32.2 kN,降幅达23.78%;与预紧力相比,全过程锚固力下降75.3 kN,降幅达40.1%。

②　对JC02#和JC03#锚索在稳定期间进行分析研究,明显可以看出其符合稳定型的锚固力演化规律。台阶式瞬降形锚固力演化规律中每出现一次台阶,锚固力数值大幅降低。虽然锚固力在下次台阶瞬降发生之前能够保持相对稳定或微升,但锚固力的数值远不能达到瞬降前的数值。从两组数据来看,最大锚固力也不能达到设计工作载荷,对控制巷道围岩变形尤其是顶板下沉不利。

3.4　本章小结

本章推导了剪切滞模型的层状岩体破坏的力学模型,采用FLAC^{3D}软件和实测研究了托锚力工况的影响因素,通过实测研究了工作托锚力的3大类8小类锚杆锚固力波动演化规律。本章得出如下主要结论:

①　建立了基于修正剪切滞的力学模型,提出了渐次脱锚判据,揭示了托锚力振荡波动的机理,推导出层状岩体锚固段托锚力的传递公式。

②　锚固段层理数目分别为2、5和9时,层理数越多,黏结应力的波动越强,越不利于锚固段的稳定。

③　根据剪胀理论建立的"三铰拱"模型,并通过实测验证了顶板锚杆在回采期间同一断面,但不同位置的锚杆托锚力的演化亦不尽相同的规律。

④　初始预紧力对锚杆工作托锚力的影响十分显著。初始预紧力越高,锚固体系越容易达到设计托锚力。

⑤　护表构件的刚度对围岩浅部低效区加固效应十分明显,能够防止围岩变形碎胀。

第4章　锚杆托锚力长时稳定控制技术研究

一般认为锚固体系由锚杆体(或支护体,但仅包括杆体)、黏结体(树脂药卷)和岩土体(即被加固体,具体指巷道帮部或顶板锚固范围内的全部岩体)3部分组成,但实际上组成锚杆体系的部分还应包括网、托盘和螺母等护表构件。完全承受加固效用的岩体并非整个顶板岩层或帮部锚杆体长度范围的煤岩体,在锚固半径作用范围之外的巷道浅部围岩表面存在低效加固区。护表构件支护强度不足,极易导致此区域的岩层变形、破裂、碎胀和兜冒,从而引发巷道的强烈变形。因此,控制巷道围岩变形的机理在于发挥锚杆、锚索等护表构件的协同承载,并且维持黏结段的有效载荷传递,达到初始托锚力高、长时托锚力稳定和同一断面托锚力均化的支护效果。本章从分析预应力锚固失效的类别入手,研制锚杆与锚索协同承载的原理,利用岩土数值计算软件 FLAC^{3D},通过其内置 FISH 语言建立层状岩体锚固系统拉拔模型,得出锚固系统在层状岩体中托锚力的波动规律;建立回采巷道顶板锚杆模拟数值模型,分析预应力锚杆系统对围岩的承载效用及巷道顶板锚杆临界预紧力值;建立锚杆、锚索协同承载模型,在分析锚杆、锚索协同承载机制的基础上,通过正交试验得出巷道顶板锚杆、锚索最佳协同承载公式;研究影响层状岩体锚固系统长时稳定的典型因素,如采动应力、锚固材料几何尺寸、锚固剂、护表构件等,为预应力锚固系统托锚力长时稳定控制技术提供理论依据。

4.1　锚杆预应力锚固协同承载技术发展概况

巷道开挖以后,围岩体应力状态由三维受力转向二维受力。两帮和顶底板存在自由面,尤其是煤矿底板一般为自由面,能够迅速引起层状岩体中开挖空间周边应力的重新分布,造成局部应力集中、围岩的结构变形和岩层的松动扩容变形[165]。扩容变形主要发生在巷道周边浅部围岩,是卸荷作用造成的。如果巷道得不到及时有效的支护,这种扩容变形将很快演变为围岩的破裂和垮冒,或者顶板深部的离层破坏。通过提高围岩的初始及时支护强度可有效控制这种扩容变形,同时可有效保证巷道围岩体强度和完整性。典型的支护阻力与围岩变形关系曲线如图 4-1 中的曲线 1 所示[166-167]。

　　巷道围岩变形量随着支护载荷减小而增大,如果支护载荷小于一定的极限值,巷道大变形就会无法得到有效控制。因此为有效控制巷道围岩的变形,必须在巷道开挖初期给围岩体施加有效限制其变形破坏的极限支护载荷。通过研究表明:当锚杆的初始支护强度超过 0.3 MPa 时,巷道开挖后其周边产生的松散变形才能被有效控制。巷道围岩控制采取的控制技术均为预应力锚固强化控制技术,即强化锚固体系承载性、提高破裂围岩体强度、强化围岩承载结构。该技术具体为高强度、高预拉力和系统高刚度的高性能锚杆承载系统、大直径的锚索协同控顶和非回采侧帮部的控制方式。高系统刚度锚杆支护特性曲线如图 4-1 中的曲线 5 所示。

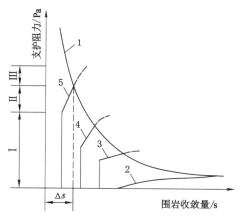

1—典型的支护阻力与围岩关系曲线;2—传统支护特性曲线;3—高强锚杆支护特性曲线;
4—高性能锚杆支护特性曲线;5—高系统刚度锚杆支护特性曲线。

图 4-1　支护阻力与围岩变形关系

　　高系统刚度的锚杆表现出强初撑(第Ⅰ阶段)、急增阻(第Ⅱ阶段)和高工作阻力状态(第Ⅲ阶段)的特性。围岩的变形量控制在较小的范围内,实施方式为在巷道支护初期使用高性能锚杆并施以高预紧力,配合高刚度网、托盘和钢带及高强度螺母、托盘等,使锚杆在巷道开挖变形初期实现急增阻,尽快恢复巷道围岩的应力差,以有效限制岩体初始松动变形,并形成以围岩体为主体的有效承载结构;同时充分利用深、浅部围岩稳定性差异,通过超高强小孔径预拉力锚索梁进一步加大锚固范围,对巷道帮顶等关键部位进行加强,优化改善巷道围岩的承载结构,强化顶板稳定,进一步增加对围岩特别是顶板区域的支护阻力,优化围岩应力场,使预应力锚杆形成的锚固区承载结构与深部稳定围岩体相互作用形成整体,以有效控制巷道围岩塑性区扩散,促使巷道围岩尽早稳定;巷道开挖过程中引起开挖空间周边应力的重新分布,造成局部应力集中及围岩的结构变形,产生围岩体局部破裂,这种破裂将从围岩表面开始逐渐向深部扩展,直至达到新的三向应力平衡状态为止,继而在巷道周边形成一个破裂圈,破裂圈内的碎裂岩石表现出明显的结构效应,极易受结构面控制,表现为沿结构面向低约束方向的滑移,诱发巷道顶帮冒落和底鼓,因此在高性能锚杆、超高强小孔径预拉力锚索(锚索梁)支护的基础上还需要对围岩体进行注浆加固,这样既可提高破裂岩体的强度及抗变形性能,进一步提高围岩体的承载能力,改善巷道围岩的稳定性,同时通过注浆可实现锚杆、锚索的全长锚固,显著提高和改善单根支护体的支护效能,确保支护可控性,最终实现对巷道围岩的长期有效控制,确保煤矿安全生产和高产高效[168-169]。

4.2　锚杆群锚协同承载提高托锚力机制研究

煤矿巷道随着采深加大,掘进中顶板的安全问题日益突出,特别是回采巷道在采动影响下,巷道围岩塑性区增大,表面煤体破碎松散,单纯的锚固支护已无法满足支护需求,一味地增加锚杆预紧力反而会使本已破碎的煤体受锚杆的拉力作用而加剧破坏,如上节所述,必须依靠围岩深部更为稳定的岩层,这就促使了预应力锚索的使用。

1996 年起在我国煤矿推广应用的小孔径预应力树脂锚固锚索能够起到与锚杆协同承载的支护效果,围岩控制技术得到了提升,不仅提高了锚杆支护效果,而且扩大了锚杆支护的适用范围,达到了"1+1>2"的围岩控制效果。目前,这种支护方式已经大面积应用于全煤巷道、动压巷道及大断面巷道,深部沿空留巷,破碎围岩巷道等多种巷道条件,成为我国复杂巷道主要锚固支护形式[170]。

预应力锚固协同承载机制主要包括预应力锚杆的承载效能、最佳预紧力以及锚固系统的围岩应力分布、锚杆孔壁的应力等。在锚杆最佳预紧力的基础上进一步研究稳定托锚力的锚索协同承载和高刚度对均化托锚力的机制[171]。

模型采用 Hoek-Brown 屈服准则,煤层厚 20 m,埋深为 800 m,巷道顶底板均为坚硬的砂岩,其断面形状为矩形,布置于煤层中央,巷道宽 5 m,高 3 m,模型尺寸为 $50 \times 15 \times 60 (X \times Y \times Z)$ m,如图 4-2 所示。模型固定除上表面的所有自由面。垂直方向初始应力按覆岩自重生成,侧压系数取 1。顶板采用 2.8 m锚杆支护,锚固长度 1.6 m,外露长度 100 mm,在自由段施加预紧力。锚杆布置间排距为 750×800 mm。帮部锚杆 2 500 mm,间排距为 650 mm$\times$800 mm。

(1)顶板锚固范围内的应力分布

在不施加地应力作用的条件下,分析锚固体受压区的应力分布规律,即锚杆

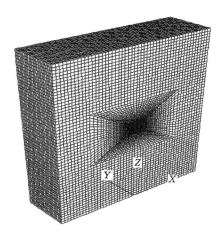

图 4-2　模型三维示意图

提供给围岩的附加应力。图 4-3 为锚杆预紧力为 20 kN 至 120 kN 时顶板围岩受力状态,增加梯度为 20 kN。可以看出,当锚杆预紧力为 20 kN 时,预应力锚杆的作用体现为单锚的工作状态,锚杆托盘处形成的压应力区只达到岩体内0.4 m,且其值只有 0.04 MPa,锚固作用的两个压应力区未互相作用形成压应力圆锥体,随着锚固预紧力的不断提高,当预紧力加到 80 kN 后,顶板锚杆群体现出了群锚的作用效果,其压应力区相互重叠作用,考虑到锚杆的排距布置,整个顶板形成了一层厚度为 0.8～1 m 的承载层,且其平均压应力达到 0.1～0.2MPa,见图 4-3(d)。承载层使得上覆岩层的垂直应力向两侧深部围岩转移,同时有效抵抗和平衡巷道水平高应力的剪切作用,有力地控制了巷道顶板的表面破碎层发育,保障了巷道顶板的安全问题。但同时注意到,随锚杆预紧力的提高,在锚杆锚固段岩体中形成的拉应力区也随之发育,从图 4-3(a)～(f)中可以看出,随着锚固预紧力的提高,此时锚固系统在岩体中形成的拉应力区也各自独立发育成为一个"拉应力带",直至在深井受采动影响的煤巷中塑性区早已超过锚杆长度,锚杆锚固区也处于岩体破碎区内,这样这个"拉应力带"就极易拉碎巷道表面岩体,造成锚固系统失效,顶板出现垮落,这也是一些深井软岩巷道预应力锚固系统失效的原因。

（2）孔壁围岩的应力状态

图 4-4 为顶板预应力锚杆沿杆体自由段分布在孔壁周围岩体中的应力曲线图,由图 4-4(a)可以看出,位于锚杆自由段内的周边岩体均受到压应力作用,随着预紧力值的提高孔壁围岩分布的压应力值也越大,并沿杆体自由段呈现出两边高中间低的分布规律。图 4-4(b)为对应不同预紧力值在沿自由段岩体中的

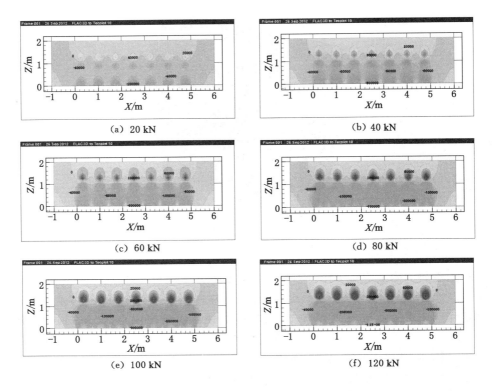

图 4-3　不同预紧力锚固顶板应力分布

压应力分布，可以看出 0 mm 处围岩体受到的压应力最大，孔壁最小压应力出现在 60 mm 处，其值为最大压应力的 18%～20%，在自由段末端的孔壁中，围岩的应力又继续升高，达到最大压应力值的 40%。可以看出，锚固系统形成的压应力圆锥并不是沿自由段平均分布，而是偏向托盘方向，也就是说，单一的增大预应力值对岩体内部受力状态的扰动越来越小，说明增大预应力对改善深层岩体的力学性态作用较为有限。预应力锚固系统主要产生的压应力分布于围岩的表面，而岩层的松动扩容变形也主要发生在巷道浅部围岩，这对于提高围岩外部破碎岩层的内摩擦角和黏结力、保证围岩稳定十分有利。

（3）锚杆的临界预紧力

预紧力是体现锚杆支护的主动性、及时性的主要指标，只有施加了一定预紧力的锚杆才是真正意义上的主动支护方式，合理的预紧力对巷道围岩稳定有着极为重要的意义。但是在现场工程实践中，"高预紧力"却成为模糊概念，实际量化一直不够明确，下面通过对不同岩性的锚杆与围岩的相互作用进行研究，明确

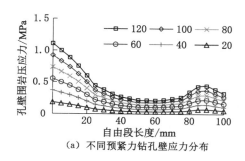

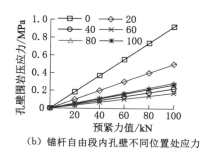

（a）不同预紧力钻孔壁应力分布　　　　（b）锚杆自由段内孔壁不同位置处应力

图 4-4　锚杆自由段内孔壁应力分布规律

临界预紧力的施加范围。

　　在埋深 1 000 m 的矿井,在不同围岩情况下,对预紧力影响进行研究,可以得出工程实践中有利的临界预紧力值。图 4-5 表示在不同围岩条件下锚固预紧力与顶板离层量的关系。由图 4-5 可以看出:① 在不稳定围岩中,随着锚杆预紧力的增加,顶板下沉量的控制表现出不同变化。当预紧力在 20～60 kN 之间时,顶板下沉量变化并不大。当预紧力在 80～100 kN 之间时,顶板下沉量的控制表现最为明显。当预紧力达到 120 kN 后,此时增加预紧力对于控制顶板下沉量的意义已经不大。② 在中等稳定围岩中,当预紧力在 40～80 kN 之间时,顶板下沉量的控制效果最明显。当锚杆预紧力值达到 80 kN 后,随着预紧力的增加,顶板下沉量已不再减小。③ 在稳定围岩中,当预紧力达到 20 kN 后,预紧力对于顶板的控制效果已经很明显。当预紧力达到 60 kN 后顶板趋于稳定。由上述分析可以看出:在不同围岩条件下,对应的临界预紧力值不尽相同。在相对地质条件越好的围岩中,预紧力的作用体现越快,且临界预紧力值较小;而在不稳定围岩中,预紧力必须要施加到足够大才能完全体现出预紧力对于顶板的控制作用。因此在设计锚杆预紧力时还要特别考虑到围岩特性,突出"一巷一设计"的理念。

4.3　锚杆锚索协同承载稳定托锚力机制研究

4.3.1　锚杆锚索协同承载研究方法

　　从锚杆、锚索对岩体作用角度来看,巷道顶板预应力锚杆会在锚固段形成一段拉应力区,并且沿层理方向,离层渐次发展,严重时会造成顶板安全隐患。预应力锚固系统主要通过锚杆控制围岩表面位移,及时补偿应力并改善围岩二向

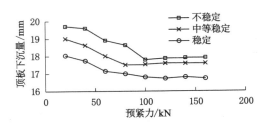

图 4-5　在不同围岩条件下锚杆预紧力与顶板下沉量的关系

受力状态。在锚杆、锚索协同承载中,锚索并不需要提供给围岩过高的应力补偿,锚索施工在锚杆施工之后。锚索主要作用为改变锚杆形成的拉应力区域的应力状态,使锚杆拉应力区的范围及值变小甚至变为压应力区,改变锚杆对顶板带来的不利影响。但是过高的锚索预紧力会使自身锚索的拉应力区发育。因此要找出锚杆、锚索的最佳匹配关系,即通过一个与锚索的间距及预紧力的函数来表示锚索自由段内岩体始终处于压应力作用区。当然这个函数与锚杆的预紧力也有关。这个函数可以表示为:

$$F_c \leqslant 0; F_{pc} = f(L, F_{pb}) \tag{4-1}$$

式中　F_{pc},F_{pb}——锚索、锚杆的预紧力;

　　　　L——锚索间距;

　　　　F_c——锚索自由段内岩体应力,负值代表压应力。

仍采用第 4.2 节中模型及锚杆布置形式,此处主要研究锚索间距 L、锚索预紧力 F_{pc}、锚杆预紧力 F_{pb} 三者间的关系对锚杆、锚索协同承载作用效果的影响。三者取值见表 4-1。锚杆、锚索规格及布置形式见图 4-6。由于水平数较多,本节采用数理统计中正交试验进行分析,以求在尽可以少的模拟结果中分析出准确的结论。

表 4-1　不同锚索间距与预紧力的取值

序号	锚索间距 L/mm	锚索预紧力 F_{pc}/kN	锚杆预紧力 F_{pb}/kN
1	960	80	20
2	1 200	120	40
3	1 600	160	60
4	2 400	200	80

采用正交表安排试验时,根据问题的基本情况,选择合适的正交表(见表 4-2)。根据表 4-2,本处为三因素四水平正交试验。在四水平正交表中,且因素

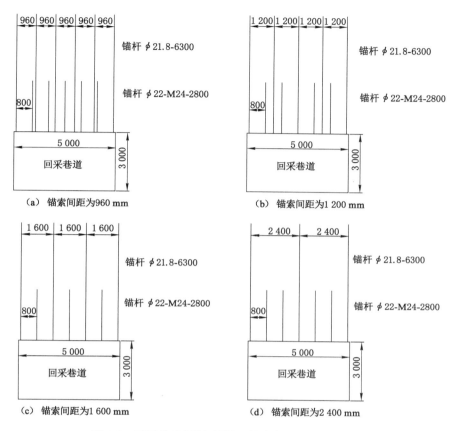

图 4-6　不同锚索间距时锚杆、锚索布置形式(单位:mm)

大于三的最小正交表是 $L_{16}(4^4)$。就采用 $L_{16}(4^4)$ 正交表来进行试验方案设计。

表 4-2　$L_{16}(4^4)$ 正交表的正次试验编号

试验号	A	B	C	D
1#	A1	B1	C1	D1
2#	A1	B2	C2	D2
3#	A1	B3	C3	D3
4#	A1	B4	C4	D4
5#	A2	B1	C2	D3
6#	A2	B2	C1	D4
7#	A2	B3	C4	D1

表 4-2(续)

试验号	A	B	C	D
8#	A2	B4	C3	D2
9#	A3	B1	C3	D4
10#	A3	B2	C4	D3
11#	A3	B3	C1	D2
12#	A3	B4	C2	D1
13#	A4	B1	C4	D2
14#	A4	B2	C3	D1
15#	A4	B3	C2	D4
16#	A4	B4	C1	D3

选定正交表后,接着进行表头设计。表头设计时,把因子安放在所选正交表的列上,其原则是不要产生混杂,即避免同一列被两个或两个以上因子所占据。$L_{16}(4^4)$D 有 4 列,而本处只有三个因子,把三个因子分别对应表中的 A、B、C 列上,就得到了本次试验的设计表头。D 列上没有放置因子称为空白列。

4.3.2 锚杆锚索协同承载模拟结果分析

按照表 4-2 设计的正交试验进行模拟分析,其模拟结果如图 4-7 所示。

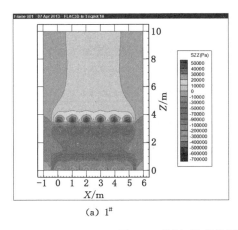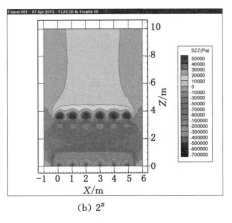

(a) 1#   (b) 2#

图 4-7　锚杆、锚索协同承载正交试验模拟结果

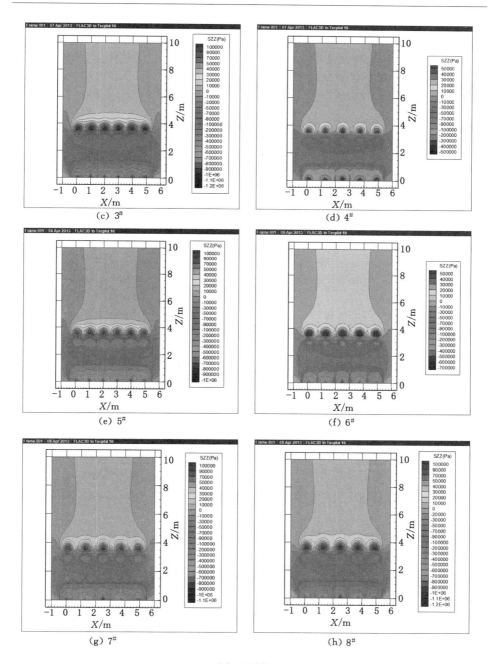

(c) 3#　　　　　　　　　　　　　(d) 4#

(e) 5#　　　　　　　　　　　　　(f) 6#

（g）7#　　　　　　　　　　　　　(h) 8#

图 4-7（续）

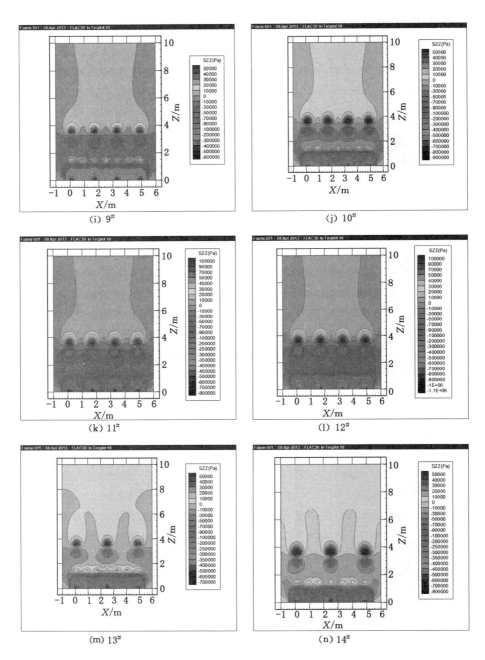

(i) 9#   (j) 10#

(k) 11#   (l) 12#

(m) 13#   (n) 14#

图 4-7(续)

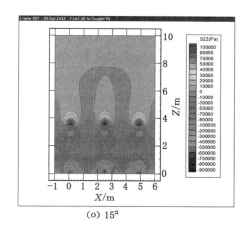

(o) 15#

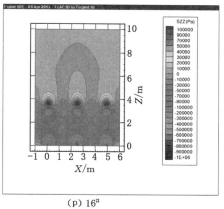

（p) 16#

图 4-7（续）

对图 4-7 进行分析。由第 4.1 节分析知道预应力锚杆系统在围岩中形成的拉应力区主要分布在锚固段前半部分,因此要研究此区域内围岩应力状态。假设岩体容重为 γ,锚杆自由段长为 l_f,则由岩体自重引起的拉应力值为 rl_f。

分别读取试验号 1～16 锚杆锚固段岩石最大应力值。考虑到锚杆自由段岩体自重的拉应力 $\sigma_g = \gamma \times l_f$,此处取岩体容重为 $25\ \mathrm{kN \cdot m^{-3}}$,计算出不同试验组中锚杆锚固段岩体实际最大应力值,见表 4-3。

表 4-3　不同试验组下锚杆锚固段围岩应力值

试验号	1	2	3	4	5	6	7	8
应力值/Pa	−8 982	−20 238	−31 793	−42 573	11 306	−18 463	−1 988	−32 134
试验号	9	10	11	12	13	14	15	16
应力值/Pa	33 541	32 122	−15 708	−17 077	50 485	31 600	13 564	−3 220

在 FLAC^{3D} 软件中,拉应力为正,压应力为负。认为围岩中存在拉应力为不安全,那么在围岩中不存在拉应力的试验组为 1、2、3、4、6、7、8、11、12、16。

锚索过大的锚固力同样会对深部围岩造成过大的拉应力。为了避免深部围岩承受较大的拉应力,有必要对上述试验组在围岩深部形成的拉应力值进行计算讨论。根据模拟结果,在锚索处形成的最大拉应力值见表 4-4。

表 4-4 不同试验组围岩最大拉应力

试验号	拉应力值/Pa	试验号	拉应力值/Pa
1	60 677	7	131 400
2	91 826	8	163 592
3	122 486	11	125 286
4	153 347	12	156 148
6	98 095	16	178 142

从表 4-4 中可以看出:围岩中拉应力最大组为第 16 组,其值为 0.18 MPa。参考岩体力学参数[172]标准,这个值对于处于深部较稳定围岩来说是属于安全范围之内的。因此上述试验组均能有效控制锚杆对围岩产生的不利影响,而不会引起深部围岩破坏。

根据式(4-1),在上述 10 组符合工程要求的组合中寻找最佳匹配规律。取 $F_{min}=0.02$ MPa 的试验组视为符合最佳预应力锚杆、锚索匹配组合。这样就得出了锚杆、锚索最佳匹配组合为 1、6、7、11、12、16 试验组,见表 4-5。

表 4-5 锚杆、锚索协同承载最佳匹配试验组

试验号	A	B	C	D
1	A1	B1	C1	D1
6	A2	B2	C1	D4
7	A2	B3	C4	D1
11	A3	B3	C1	D2
12	A3	B4	C2	D1
16	A4	B4	C1	D3

为了得出公式(4-1)的显式解,用 Matlab 数学计算软件对以上 6 组试验组进行多元回归拟合,得到公式(4-1)的解为:

$$F_{pc} = 62.175\lambda + 0.886\ 5 \times F_{pb} \tag{4-2}$$

式中 F_{pc},F_{pb}——锚索、锚杆的预紧力;

λ——锚索间距与锚杆间距之比,此处锚杆的密度为 1.67 根/m²。

根据公式(4-2)中可以看出:在锚杆预紧力保持不变时,锚索的预紧力与其间距呈正比关系,即相对越疏密的锚索所需预紧力越大。当锚索间距一定时,锚索的预紧力随锚杆预紧力亦成呈正比关系。如果已明确锚索布置及预紧力,亦可反推出与之相匹配的锚杆支护密度及强度。在实际工程中,可以根据这个公式对锚杆、锚索间距及预紧力进行更合理的设计。

　　这样,如果已知锚杆的预紧力及锚索布置密度,通过式(4-2)就可以确定锚索的预紧力,从而计算出锚杆、锚索耦合初始主动支护强度。在千米深井受采动影响巷道中,由于受高地应力及采动应力影响,在实际设计中为了保证巷道安全,支护强度留有一定的富余系数(1.3~1.5),此处取 1.5。锚索不同支护密度时对应巷道顶板的支护强度如图 4-8 所示。当锚杆预紧力不变时,锚索支护密度越大,则顶板主动支护强度越高。根据在第 4.2 节中的判定(中等稳定围岩锚杆最佳预紧力值为 80 kN),当锚索支护密度达到 0.83 根/m² 时,顶板主动支护强度达到 0.4 MPa,此支护强度能够达到深井巷道主动支护强度。此时锚索预紧力根据公式(4-2)可求得为 170 kN。

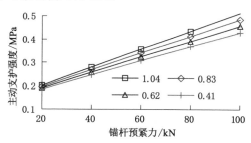

图 4-8　锚杆预紧力与主动支护强度的线性关系

4.4　锚杆锚固性能对协同承载效果影响分析

　　假定锚固体系中杆体不能发生破断,且第 1 界面(锚固剂与杆体)不发生破坏,即托锚力不发生损耗为零的状况,则此时第 2 界面(锚固段中)锚固剂与煤岩体的黏结能力主要取决于锚固剂的黏结性能、锚固剂环向厚度以及锚固段的长度等因素。

4.4.1　锚固剂性能对托锚力工况的影响

　　按照模拟设计,以锚固段存在 5 个层理层为例,在不同锚固剂内摩擦角条件下,研究其极限锚固力的变化趋势。

　　图 4-9 是在层状顶板中不同围岩应力下锚固剂内摩擦角与极限锚固力之间的曲线关系。从图 4-9 可以看出,当内摩擦角为 0°时,尽管有效围压不同,但锚杆的锚固力都为 200.6 kN,即锚固剂和锚杆之间界面的黏结力相同。

　　在一定围压下,锚固力随着内摩擦角的增大而增加。锚杆的锚固力在内摩

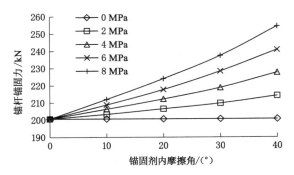

图 4-9 不同锚固剂内摩擦角在不同围压下对锚固力的影响

擦角相同的情况下,随着有效围压的增加而增大,这是符合锚杆锚固作用机理
的。当内摩擦角由 0°递增至 40°时,伴随着围压的增加,锚固力增加的速率加快
了。也就是说,当有效围压改变量相等时,内摩擦角值大时锚固力的增加量比内
摩擦角值小时锚固力的增加量要大。例如,当围压为 2 MPa、内摩擦角为 10°时,
托锚力的增加量约为 2.7 kN;当围压不变、内摩擦角为 40°时,托锚力的增加量
约为 13.5 kN,同比提高了 400 %。从图 4-9 中可以得知,影响层状顶板中锚杆
锚固作用效应除了岩体本身的地质条件外,主要还有锚固剂和锚杆界面之间的
内摩擦角、黏结力以及围压等。在这些影响因素中,岩体的地质条件是天然无法
改变的。锚固剂与锚杆界面间的内摩擦角、黏结力以及有效围压都是可以控制
的。根据实际需要,改变锚杆锚固的现场工艺,采用高内摩擦角、具有膨胀性的
锚固剂,选取匹配的施工机具,使锚固体尽量给孔壁围岩提供有效压力,借此来
提高层状岩体中的极限锚固力。

4.4.2 锚固剂环向厚度对锚固系统的影响

在锚固系统中,围岩的条件随矿井地质条件各异,且其岩性一般不会被人为
改变,锚杆(索)杆体现多采用左旋无纵筋螺纹钢或钢绞线。螺丝钢或钢绞线已
基本形成成套生产技术,也不易改变。而锚固剂的各项性能参数直接影响锚固
系统的稳定性及支护效果。因此有必要对锚固剂性能进行研究,以求得出最佳
锚固剂的力学参数。式(3-31)可以改写为:

$$\frac{\tau_{max}}{\sigma} = \frac{-1}{\sqrt{2}}\left(\frac{G_m}{E_f}\right)^{1/2}\frac{1}{\left[(G_m/G_i-1)\ln(1+2t_i/d_f)+\ln(1+2t_m/d_f)\right]^{1/2}}$$

$$(4-3)$$

切向刚度为:

$$K_s = \frac{|\tau_{\max}|}{\bar{\sigma}} \left(\frac{E_f}{G_m}\right)^{1/2} \tag{4-4}$$

代入到式(4-3)中得：

$$K_s = \frac{1}{\sqrt{2}} \frac{1}{[(G_m/G_i - 1)\ln(1 + 2t_i/d_f) + \ln(1 + 2t_m/d_f)]^{1/2}} \tag{4-5}$$

通过式(4-5)可以看出，锚固剂的剪切模量及厚度对锚固系统切向刚度 K_s 都有影响。现研究 K_s 与在不同条件下与 t_i/d_f 的关系。在锚固系统中，一般取杆件直径为 $18\sim22$ mm，取钻孔直径一般为 $26\sim33$ mm。因此取 $t_i/d_f = 0.05$、0.15、0.45。假设锚固系统锚固段长为 3 m，$r_m = 2.5 \times (1-0.2) \times 3 = 6$（m），取 $t_m/d_f = 300$。K_s 与 G_m/G_i 的关系见图 4-10。

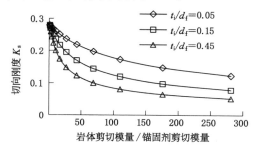

图 4-10　锚固剂剪切模量对锚固系统切向刚度的影响

从图 4-10 可以得出，G_m/G_i 的比率越低，则在 $z = 0$ 点处应力集中程度越高，锚固剂也越容易破坏而发生脱黏。通过比较不同 t_i/d_f 比率的曲线斜率，发现 t_i/d_f 越小(即锚固剂越薄)，则在 $z = 0$ 点处应力集中程度越高，从而锚固剂越易发生脱黏。也就是说锚固剂的剪切模量越小、厚度越厚，则锚固剂发生剪切破坏的可能性就越小。

但是在煤矿巷道中，并不能一直通过降低锚固剂的剪切刚度、增加锚固剂厚度来保证锚固系统的稳定性。根据公式(4-5)，降低 G_i 会使塑性变形增加，会使锚固系统起不到主动支护的效果。

根据相关锚固系统匹配研究结果[173]，钻孔直径与锚杆直径之差应在 $4\sim10$ mm 之间。当使用带纵筋月牙肋建筑螺纹钢锚杆时，钻孔直径与锚杆直径之差应在 $6\sim12$ mm 之间，即 $t_i/d_f = 0.15$ 时。在层状岩体，为了锚杆获得更高的锚固力，上述参数一般应取较小值。选择锚固剂的剪切刚度时，对式(4-5)进行简化处理。假设：锚固段长为 3 m，$r_f = 11$ mm，r_i 按照上述取值 24 mm，$r_m = 6$ m，$E_f = 195$ GPa。将上述参数代入式(4-5)中得到：

$$a = 3.3 \times 10^{-4} \sqrt{\frac{G_m}{G_m/G_i + 7.08}} \qquad (4\text{-}6)$$

当 $z = 0$ 时，w_1 取得最大值为：

$$w_1 = \frac{\overline{\sigma} \tanh(3a)}{E_f a} \qquad (4\text{-}7)$$

取锚索所能承载的最大拉应力为 σ，$F = 470 \text{ kN}$，G_m 取 1.4 GPa、2.8 GPa、5.6 GPa 三种具有代表性的岩体，代入式(4-7)中可以解出 w_1 随着 G_m/G_i 的变化趋势。

综合图 4-10 及图 4-11 可以得出，当 $G_m/G_i = 100 \sim 150$ 时，K_s 已经趋于缓和，应力集中状态得到了缓解，且锚固段杆体的变形控制在 0.01 m 以内，保证了预应力锚固系统的主动支护性。

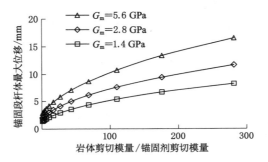

图 4-11　锚固剂剪切刚度与锚固位移关系

综上所述，从微观力学的角度对锚固剂的选择进行了计算，其计算结果表明：当锚固剂厚度在 6~12 mm 之间时，并且当锚固剂剪切模量为岩体剪切模量 $1/(100 \sim 150)$ 时，能够保证锚固系统在层状岩体的主动支护效果。

4.4.3　锚固段长度对锚固系统的影响

锚固段长度的确定对于煤矿预应力锚固技术的应用和发展起不可忽视的重要作用。根据锚固段内杆体剪应力的分布规律，杆体锚入到一定深度后，其应力传递速度很快减弱[174]。从工程实际出发，一般认为锚固段内杆体剪应力减少到锚固段以外杆体拉应力 σ_0 的 6.5% 以下时，即可忽略不计。现把杆体拉应力在 $(1 \sim 0.05)\sigma_0$ 之间的一段长度称为锚杆的有效锚固长度或者传力长度[175]。预应力的锚固作用主要发生在这一阶段。锚固体长度存在一个临界值，即剪应力峰值点与零点间距离总为常数，这个距离称为临界锚固长度[176]。临界锚固长度不同于有效锚固长度，其大小并不依赖外载大小。临界锚固长度对锚固系统稳定性具有重要的意义。张洁等[177]通过解析计算发现：临界锚固长度内极限承载力 P_u 随着锚固长度 l_a 的增加而增加，其最大极限承载力 P_{umax} 由锚固层性质和锚固体截面性质确定，而与锚固长度无关。从极限承载力提高效率的角度认为锚固长度不宜大于 $0.5l_c$，并定义 l_c 为工程临界锚固长度。当然锚固长度也不宜过短，必须保证锚杆杆体有足够的应力储备[178]。

通过数值模拟计算可以看出：对于等长的锚固结构，锚固长度越长，其相对自由段长度则越短，即巷道加固层范围会缩小，支护应力也越靠近岩体表面，这对破碎围岩巷道支护极为不利。因此从轴向锚固作用角度考虑，不能一味地增加锚固段长度，建议工程中锚固段设计采用临界锚固长度。

4.5　锚杆托锚力长时稳定围岩控制体系详述

4.5.1　超高强高预紧力锚杆及护表构件控制技术

（1）高性能锚杆和维持高预紧力的柔性锁紧结构

锚杆材料及其几何尺寸对预应力效果起重要的作用。支护材料的规格和力学性能在深井巷道维护中已全面升级。从锚杆、锚索直径来看，直径越粗的锚杆越具有高的破断强度，亦意味着可提供更高的锚固力，见表 4-6[179]。高强锚杆可使锚杆强度达到 335 MPa 以上，新型超高强 5 级钢材热轧带肋无纵筋螺纹钢的屈服强度可大于 800 MPa。荣冠等[180]对螺纹钢锚杆与圆钢锚杆进行对比试验研究，发现前者受力范围比后者小且衰减快。螺纹钢锚杆界面黏结应力高于圆钢锚杆的，且其变形破坏更显著；前者以屈服形式破坏，而后者则被整体拔出；前者起伏螺纹使其与黏结物之间存在明显挤压、剪胀、剪断等作用，从而较大地提高了锚固强度。

表 4-6　不同直径锚杆破断强度增加比例

锚杆直径/mm	14	16	18	20	22
破断强度增加比例/%	0	31	65	104	147

采用 HRB500、HRB400 热轧左旋无纵筋螺纹钢加工的极限强度为 630 MPa 甚至屈服强度达 800 MPa 的超高强锚杆。这种锚杆能承受的破断力更高，支护刚度和稳定性更强，限制围岩变形能力更强。这种锚杆钢材的强度和延伸率都符合超高强度锚杆对材质的要求。根据设计锚杆长度直接进行截割，然后加固端部的螺纹即可。这种锚杆杆体表面凸纹能够满足树脂锚固剂的搅拌阻力

和锚固要求。相对于普通锚杆,这种锚杆力学性能提高约 50%。尾部螺纹段进行热处理或采用滚丝法加工螺纹,可以减少材料截面损耗。

受围岩变形和采动应力的复合作用影响,锚杆托锚力易出现多种波动变化。锚固剂脱黏和巷道浅部围岩低效加固区内岩石的碎胀变形引起的托锚力损失一般难以再恢复。其主要原因为扭矩螺母不能吸收或储存预应力。围岩松动后,螺母与托盘、钢带及网之间也容易松动。基于此种实际情况,研制一种能够将锚杆托锚力长时稳定的柔性锁紧结构,见图 4-12。在锚杆螺纹段套装托盘与减摩垫,在锚杆的尾部设置锁紧螺母。这种锁紧结构的核心特征是在锁紧螺母与减摩垫之间加装了预紧弹簧。根据预紧弹簧的收缩程度自行调节锚杆托锚力的紧固程度。当托锚力或者预紧力不足或者是损失的情况下,弹簧就会伸长,此时就可以补强,锚固力进而增加托锚力的长时稳定和锚杆支护系统的可靠性[181]。

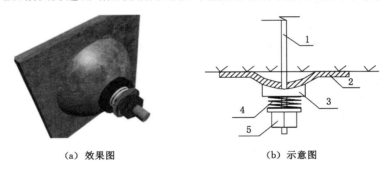

(a) 效果图　　　　　　　　(b) 示意图

1—锚杆;2—托盘;3—减摩垫;4—预紧弹簧;5—螺母。

图 4-12　锚杆支护柔性锁紧结构

(2) 均化托锚力的护表钢带

第一,在锚固体系中采用新型 M 形钢带或带肋 T 形钢带。与 W 形钢带相比,这两种钢带具有抗弯截面模量大、抗撕裂性好、适应性强、易与顶板密贴等优点,能有效控制锚杆间的围岩松动,维持顶板预应力结构效应。这两种钢带能够解决顶板岩层或两帮煤体的网兜现象,提高支护结构刚度和整体稳定性作用,防止锚杆松弛、锚固失效;采用与高性能预拉力锚杆配套的大扭矩阻尼螺母,确保锚杆安装及支护系统的可靠性[182]。

第二,由于同一钢带上的各锚杆托锚力的长时稳定和小波动幅度不是单一的,而是和同一钢带上相邻锚杆有着相互联系的,对钢带的抗弯性提出了更高的要求。研究出的高强抗弯 T 形钢带如图 4-13 所示。这种钢带的中部设有一道凹槽,使钢带横截面成下拱形;凹槽的两侧设有水平的侧边,沿凹槽中心线均匀分布有可以插入锚杆的锚杆孔眼;凹槽下部的侧面上,对称设有两条突起的纵向的筋梁。筋梁的高度与钢带厚度相同。这种钢带的抗弯模量大大增加，是同型号不带筋梁 T 形钢带的 1.3 倍。这种钢带的抗剪切性能得以提高，克服了不带筋梁 T 形钢带易沿横截面被剪切撕裂的缺点。与同规格无纵筋钢带相比，这种钢带断面利用系数和破裂力均得到了显著提高。尤其是 TZ-2 型钢带，其质量增加 1.11％时，断面利用率增加了 4.97％，具有广泛的实用性[183]。

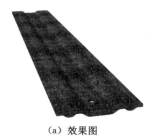
（a）效果图

（b）实物图

图 4-13　带筋的高强抗弯 T 形钢带

（3）高强度复合钢带

煤矿常用的钢带能够将单根锚杆的作用联系起来，实现托锚力的扩散。但是在托盘安装过程中，钢带与托盘贴不实，会造成初始托锚力实现较慢，而且在施工过程中费时费力。巷道断面大、高度高时，顶板锚杆与托盘难以对正孔位。顶板锚杆安装时，托盘与钢带容易跑偏。采用新型技术手段把托盘和高强度钢带联合在一起，研制出一种新型的带托盘的高强复合型钢带，如图 4-14 所示。

（a）效果图

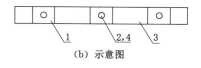
（b）示意图

1—托盘；2—托盘孔；3—钢带；4—钢带孔。

图 4-14　高强度复合钢带效果图

当钢带和托盘分别为上述改进的高强度 T 形钢带和改进型碟形托盘时，锚杆的托锚力得以发挥到最佳，进而提高整个锚杆支护系统的强度和稳定性。这种新型钢带减少施工过程的托盘套装时间，实现螺母、钢带与托盘之间的高预紧力效果[184]。

（4）均匀承载的碟形托盘

锚杆托锚力与预紧力矩和锚杆轴力有着紧密联系。托锚力跟托盘有着很大的联系。如图 4-15 所示，碟形托盘设有一个圆盘状的托盘主体。托盘盘径 300～500 mm，厚度 10～25 mm。

图 4-15　碟形托盘

托盘主体背面均匀设有凸起的放射状的加强筋。托盘主体的周围设有凸起的圆环状的翼缘环。托盘主体的中心顶部为球面形的通孔。通孔内壁与球状的万向调心球垫的球表面吻合相贴。通过调节万向调心球垫的角度,可保证巷道围岩内外的锚杆或锚索处于同一直线上。碟形托盘可以防止因巷道表面不平整引起的锚杆或锚索被切向力剪断,从而提高锚固系统的可靠性,保证托锚力在巷道顶板中的均匀性和稳定性。

（5）提高锚固性能的锚固剂封装方法

传统树脂锚固剂药卷中树脂胶泥与固化剂呈轴向平行封装,其安装步骤为:钻眼,放置药卷,钻进杆体,而后两种物质混合后黏结。这种方式有一定的优点,但是存在较大的问题。比如,在钻进过程中必须进行旋转这个步骤。研制出新型的钻进机械成本较高,如果从锚固剂方面入手,对锚固剂进行一定的改进,则锚固效果可较为显著。可将现有锚固剂药卷中树脂胶泥与固化剂呈轴向平行封装的方式,改进为环向间隔平行交错布置方式并封装。树脂胶泥在布置在外层,而固化剂在内层。其结构如图 4-16 所示。

树脂药泥和固化剂的间隔交错距离 l 为 $1\sim10$ cm,固化剂药包的质量为 $0.5\sim1$ kg,包装完的树脂锚固剂的长度为 $25\sim100$ cm。特别地,通过在锚杆杆体的端部、中部和尾部安设三组定位环。这样锚杆可精准定位在钻孔的中心,避免周边环形锚固剂的不均所造成的锚固力不足。此类封装方式下,药卷安装在钻孔中后,只需要锚杆或锚索提供一定的顶推力,把树脂药卷捅破后,固化剂与树脂就能够实现均匀混合,无须再对锚杆施加一定的搅拌力,便能实现锚杆锚固。特别是对于难以提供较大搅拌力的小孔径锚索等柔性锚固结构或要用快速及超快的锚固剂药卷时,锚固效果更为显著。

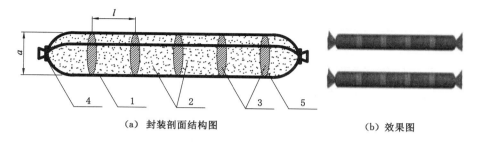

（a）封装剖面结构图　　　　　　　　　　（b）效果图

1—聚酯薄膜封装袋；2—树脂药泥；3—固化剂药包；4—铁丝卡扣；5—固化剂封装袋。

图 4-16　无须搅拌的树脂锚固剂封装方式

（6）锚杆预紧力矩的施加

采用 MQS-90J2 型气扳机、液压式张拉仪等对锚杆、锚索施加高预紧力成预应力结构，以显著提高锚杆、锚索在巷道开挖初期的支护阻力，为支护体的"急增阻、高预紧"提供基础。

4.5.2　超高强小孔径预拉力锚索梁支护技术

在巷道顶板或帮部布置超高强小孔径预拉力锚索梁，其组成主要有两部分。一部分是高强度低松弛钢绞线。这种钢绞线一般有 1 860 MPa 和 1 760 MP 两种抗拉强度类型，组成钢绞线的钢丝有 1×7 股和 1×19 股两种形式。配套的锚具一般选用广西柳州 OVM 系列产品。锚索的直径有 15.24 mm、17.8 mm、18.9 mm、21.8 mm，22 mm 或 28.6 mm 等。其中深部巷道采用最多的为 21.8 mm 的高强度低松弛型的钢绞线。特别 28.9 mm 的钢绞线的破断力能够达到 964 kN，见表 4-7。考虑安全系数为 2，这种钢绞线也能够提供 400 kN 以上的支护力，应该是未来煤矿发展的主要方向。组成锚索梁的另一部分是梁。梁的形式多种多样。最常用的有工字钢、槽钢、钢带或 U 形钢。槽钢的护表面积大，但其抗弯性能差。1 组锚索梁中布置几孔锚索，一般可以根据巷道顶板岩性进行选择。对于煤巷，若顶板较为平整，不仅可以采用 1 梁 2 孔、还可以采用 1 梁 3 孔、4 孔甚至 5 孔的布置形式。锚索梁可以与锚杆钢带平行布置，也可成"井"字形布置（见图 4-17）。与锚杆相比，锚索的柔性更强，对锚固剂的搅拌能力更差。4 m 长度以上的锚索很难实现一次全长锚固，一般可以采用 1 节 K2550 型快速和 3 节 Z2550 型中速树脂药卷加长锚固，后期采用注浆的形式达到全长锚固的效果。锚索梁的预紧力不小于 70～100 kN。锚索梁的锚固要求和施工工艺均与单体锚索的相同[185-186]。

表 4-7   不同直径锚索破断载荷

直径/mm	15.2	17.8	18	20	21.8	28.6
最小破断载荷/kN	260	353	408	510	607	949

图 4-17   锚杆与锚索协同承载的布置

锚索可采用屈服强度 1 860 MPa 型高强度低松弛钢绞线。直径 21.8 mm 高强度低松弛钢绞线锚索已经完全代替了直径 15.24 mm 和 17.8 mm 的钢绞线锚索。加粗直径不仅进一步加大锚固力值,相应地还可减少锚杆数量,加快施工进度。高强预应力支护技术对支护系统延伸率和冲击韧性有严格的要求,既要有足够的延伸率以保证围岩的连续变形释放,同时避免延伸率过大而影响预应力的作用效果。

4.5.3   滞后注浆加固技术

(1) 滞后注浆加固技术的基本原理与工艺参数

采取围岩注浆加固技术强化围岩体力学性能。围岩注浆加固技术可以密闭围岩体裂缝,使松散围岩重新胶结成整体,充分调动围岩本身承载能力。浆液通过扩散充填到一般锚杆孔中,使得锚杆与围岩形成一个整体,变普通端锚或加长锚为全长锚固,充分发挥锚杆、锚索的作用。注浆能使岩体承受更大的荷载,提高支护结构的承载能力,扩大支护结构的适应性,改善围岩体应力场环境,使围岩能够承受动压作用影响。注浆加固的关键是把握好注浆时机。一般滞后于巷道开挖并在围岩变形尚未稳定时进行注浆。注浆参数包括加固时机、注浆孔深度、注浆量、注浆孔间排距以及注浆压力等[187-188]。

① 注浆压力。巷道围岩注浆压力主要取决于被注煤岩体的渗透性能和浆液性能(尤其是浆液的渗透范围等)。岩体注浆压力一般可采用 1~2 MPa。注浆压力具体根据岩性、裂隙发育情况等确定。注浆压力选择原则是不跑浆、不漏

浆、充分渗透。

②注浆加固深度和注浆孔深度。注浆加固深度取决于浅部破裂区岩体的范围,破裂岩体的固结效果及浆液在径向扩散的性能。受施工机具限制,煤矿一般注浆深度不超过 2.5 m,浅孔注浆深度一般为 1.0～1.5 m。

③注浆孔排距。通过大量现场实测,巷道表层注浆轴向渗透距离可以达到 2.0～3.0 m。注浆孔排距一般为 1.2～2.2 m,一般取锚杆间排距的整数倍,其具体受巷道形状、围岩不同部位的破裂程度等因素影响。

（2）T 形管壁后注浆充填的巷道围岩稳定控制方法

针对壁后空间处理的方法有滞后注浆和壁后充填等方法,但均存在着一定的问题。如果能在开挖巷道后,预置注浆管并对巷道的毛断面进行喷浆及壁后注浆充填,那么就能够使围岩浅部松动范围的裂隙、弱面得到加固,并防止围岩松动范围进一步扩大,进而形成支护体的整体承载结构,调动围岩的自承能力,长时有效控制围岩变形,如图 4-18 所示。

　　（a）预置T形管　　　　　　　（b）喷注浆完成　　　　　　　（c）实物图

图 4-18　T 形管壁后注浆充填的实际应用

该方法无须增加凿孔、封孔的工作量,施工工艺简单易行,能够避免注浆工艺过程中所出现的跑浆、漏浆现象,浆液利用率高。在架 U 形棚时同步放置 T 形注浆管,喷混凝土后及时注浆,密实喷层与围岩表面间的间隙,这样支架可以均匀承载,使巷道围岩形成长时稳定的支撑体系。

4.6　锚杆托锚力长时稳定矿压监测技术研究

4.6.1　原孔位多次应力解除地应力测试方法

（1）测试原理

针对采动应力的监测,传统的应力测量方法一般是套孔应力解除法。套孔应力解除法因为具有较好的适应能力和较高的可靠性而一直在世界范围内被广泛采用。现场实践中真实的地应力却很难被精准测试出来,主要是受工程地质或者岩体条件的影响。工程中钻孔出现不精准或者倾斜偏差,进而导致孔口和孔径不能完全垂直,这可能造成数据误差。

(2) 改进方案

原孔位多次应力解除法在一定程度上有效避免了上述问题,但其原理还是套孔应力解除法的原理。在已经完成一次应力解除测试地应力的钻孔中,重新埋设空心包体并再次进行解除,然后重复上述步骤,利用多次解除的数据互相进行比对,增强测试数据的科学性和测试地点数据的真实性,并减少复杂的钻孔施工工程。

4.6.2 巷道围岩变形规律的多断面快速观测方法

(1) 测试原理

基于巷道围岩状况、支护方式、施工速度和质量相同地段矿压显现的一致性规律,提出多断面巷道表面收敛的快速矿压观测方法。按不同距离布置多个观测断面,可在较短时间内得出巷道收敛规律,及时指导复杂工程条件下的巷道支护与安全施工。

(2) 测试设置参数

测试断面相邻距离与掘进速度和巷道矿压显现剧烈程度有关,一般可取 20~50 m;测试断面的数量与巷道掘进速度或巷道矿压显现的剧烈程度有关,一般可取 4~6 个。

(3) 数据反演原则

以成巷时间替代理论观测时间。反演收敛量时,每一天的收敛速度对应一固定的距迎头距离数值,以此数据为基准,将其除以掘进速度即可得到理论观测时间。

(4) 工程实践

在朱集矿−870 煤层回风大巷(13-1 煤)共设置表面位移测点 5 处,经 7 d 观测后,得出理论时间 29 d 的变形量[189-190]。

4.6.3 巷道底鼓大变形的观测方法

在巷道围岩的变形中,底鼓最为常见。针对底鼓变形的测量目前多采用"十"字断面法或者多点位移计,前者的缺点在于所测数值为相对移近量而非绝对移近量,后者的缺点是观测仪器难以维护。由此给出一种改进型的底鼓变形测试方法,即使用测量巷道底鼓大变形的锚杆[191]。这种锚杆无须安装托盘、螺母等,由尾部杆件、多节中部杆件和头部杆件连接组合而成。尾部杆件连接在多节中部杆件的尾部,头部杆件连接在多节中部杆件的头部。将头部杆件、多节中部杆件和尾部杆件组成的锚杆按序套接,锚入钻好的孔内,量测尾部杆件至巷顶的高度,这就可以实时量测巷道高度的变化。若巷道底鼓过大,则进行卧底清理后,应将完全露出地面的杆件取下,剩余杆件仍保留一定的外露长度。累加取下的杆件长度和初始测量至巷顶的高度,即得出巷道底鼓的变形量。由于完全露出地面的杆件可以被取下,所以这种方案方便后续观测,也避免影响巷道内的行人和生产。

测试方法和构件在朱集煤矿东翼 13-1 煤层底板回风大巷(北)进行了两个月的矿压观测。巷道表面收敛值由大到小的顺序为顶底板移近量(718 mm)、底鼓量(578 mm)、两帮移近量(198 mm)、顶板下沉量(140 mm)。共使用 6 节杆件,其中使用 4 节中部杆件。

4.7　本 章 小 结

从分析预应力锚固协同承载支护失效的种类入手,提出了预应力锚固协同承载的原理,采用 FLAC^{3D} 数值模拟软件分析预应力锚杆的锚固效能和最佳预紧力以及在锚杆达到最佳预紧力的状态下锚索和高刚度护表构件协同承载的机制,最后分析了影响锚固系统协同承载的相关因素。本章得出如下主要结论。

① 通过数值模拟软件分析锚固协同承载体系。在锚杆支护密度为 1.67 根/m²(间排距为 750 mm×800 mm)条件下,通过数值分析得出中等稳定围岩条件下千米深井回采巷道顶板稳定的锚杆支护临界预紧力值为 80 kN 左右。由正交试验得出锚杆索最佳承载匹配组合,计算得出当锚索密度为 0.83 根/m²,即锚索预紧力值为 170 kN 时,锚杆(索)达到最佳匹配且主动支护强度达到 0.4 MPa。

② 当锚固剂厚度为杆体直径的 0.6 倍,并且当锚固剂剪切模量为岩体剪切模量 1/(100~150)时,锚固系统最稳定。锚固长度宜设计为临界锚固长度。护表构件对锚固系统稳定影响较大。

③ 超高强锚杆、小孔径锚索梁在实现锚固体系中高初始托锚力的同时,还能够发挥较强护表构件作用,能够对巷道浅部低效加固区内的围岩起到有效约束作用。滞后注浆加固技术不仅能够提高围岩物理力学性质、提高围岩的自承性能,还能够实现改变加长锚固为全长锚固的效果。

第5章 典型工程案例应用分析

本章结合托锚力稳定性控制技术和锚固协同承载机理研究成果,对采用无煤柱沿空留巷 Y 形通风煤与瓦斯开采的淮南矿业集团潘一矿东区 1252(1)首采工作面轨道平巷、小煤柱沿空掘巷的丁集煤矿 1252(1)工作面轨道平巷以及—1015 水平的大屯矿区孔庄煤矿混合井筒马头门的加固技术进行了系统研究和实施。

5.1 深井强采动沿空留巷托锚力协同承载技术应用示例

5.1.1 工程概况

淮南矿业集团潘一矿东区 1252(1)工作面煤层厚度 1.7～2.87 m,平均厚度 2.26 m,回采高度 2.6 m。该工作面为东西方向倾向,方位为 278.5°。该工作面走向长 1 728 m,宽 264 m。该工作面地面标高为＋21.5～＋22.1 m,井下标高为－738～－823 m。该工作面煤层平均埋藏深度超过 800 m。该工作面布置示意图及综合柱状图如图 5-1 和图 5-2 所示。轨道平巷与底板巷之间按 300～400 m 间距开凿有 5 条联络巷。底板巷在工作面回采结束后不再使用。

1252(1)轨道平巷在掘进期间,其断面为近似矩形,其尺寸(长×宽)为 5.0 m×3.4 m。巷道沿顶板掘进。煤层直接顶为厚度 1.25～11.05 m 的砂质泥岩、泥岩和 11-3 煤复合顶板。老顶为细砂岩,其厚度为 1.35～11.1 m,呈中厚层状。直接底为泥岩。巷道的支护形式为锚梁网锁联合支护。支护参数为:① 顶板,6 根 4 级 ϕ22 mm×2 500 mm 锚杆配 M5 型钢带,间距为 ϕ900 mm,排距为 ϕ800 mm;锚索为 3 根 ϕ21.8 mm×7 300 mm 小孔径钢绞线,间距为 1.1 m,排距为 800 mm。② 两帮,各采用 5 根 3 级 ϕ22 mm×2 500 mm 锚杆配 M5 型钢带;帮顶均采用 10# 金属网护顶。

采前轨道平巷矿压显现特征为顶板完整段下沉 180 mm 以内,局部破碎段 200～300 mm,但两帮收敛较为严重,移近量达 400～500 mm,底鼓量达 500～1 000 mm。1252(1)轨道平巷巷道控制效果实照如图 5-3 所示。

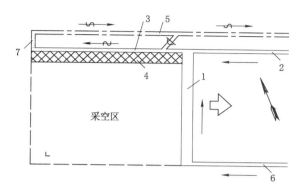

1—工作面;2—轨道平巷;3—沿空留巷;4—充填墙体;5—底板巷;5—运输平巷;7—联络巷。

图 5-1　1252(1)工作面布置示意图

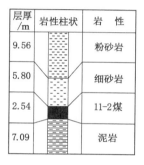

层厚/m	岩性柱状	岩　性
9.56		粉砂岩
5.80		细砂岩
2.54		11-2煤
7.09		泥岩

图 5-2　1252(1)工作面综合柱状图

图 5-3　1252(1)轨道平巷巷道控制效果实照

5.1.2　加固原则

① 根据朱集矿 1111(1)工作面千米深井无煤柱煤与瓦斯工程实践,该工作面推广了分阶段沿空留巷方法,即在轨道平巷与底板巷之间按一定距离布置联络巷,将留巷划分为不同的阶段。前一阶段留巷完毕后及时封闭或废弃,同时进行下一阶段的留巷。对于共采工程的维控完善了预应力锚固技术。巷道顶板的岩性、下沉量和离层变形量以及主动支护强度是深井沿空留巷成功的关键技术因素。

② 掘进期间,巷道支护锚杆的锚固力按 80 kN、锚索的锚固力按 150 kN计,支护强度仅为 0.23 MPa 左右;若顶板锚索布置形式为"5-5-5"形式,则支护强度可以提高到 0.31 MPa。掘巷要求进行的支护设计,难以满足深井留巷强动压巷道支护的要求。尤其是护表构件刚度不足,巷道围岩已松动变形,必须采用联合加固手段,巷道围岩加固后不低于 0.4 MPa 的支护强度才能控制留巷巷道围岩断面满足安全生产要求。

③ 巷道埋深大,实测最大水平应力 36.11 MPa,方位角 103.5°,中间主应力19.13 MPa,最小水平应力 18.07 MPa,垂直主应力 19.80 MPa,侧压系数 1.82,属于典型的构造应场分布特征,不利于沿空留巷。但最大水平应力与巷道轴线的夹角为 20.6°,对留巷稳定有利。

④ 根据朱集煤矿 1111(1)工作面留巷的经验,本工作面开采时应遵循分阶段留巷原则、分类加固原则、适时最大加固强度原则、采前巷道变形最小化和长期稳定原则、高强度低密度的参数选取和安全技术经济一体化的原则。

⑤ 具体的加固方式优先使用新型"三高"锚杆、大直径锚索、中空注浆锚索、锚索束等超高强度支护技术,减小支护密度。这不仅可以加快施工速度,而且可以降低加固成本。

5.1.3　加固方案及参数

根据顶板加固后的支护强度不低于 0.4 MPa 的原则,每断面内应布置 3 根锚索,锚固力 150～200 kN;加固后顶板每排 6 根锚索,排距为 800 mm,支护密度为 1.5 根/平方米。

5.1.3.1　留巷前顶板加固

沿顶板每排补充施工 2 根规格为 ϕ21.8 mm×7 300 mm 的单体中空注浆锚索和 1 根 ϕ21.8 mm×7 300 mm 的普通钢绞线锚索,最终形成"5-6"布置形式。顶板加固如图 5-4 所示。加强支护超前回采工作面 500 m 施工。

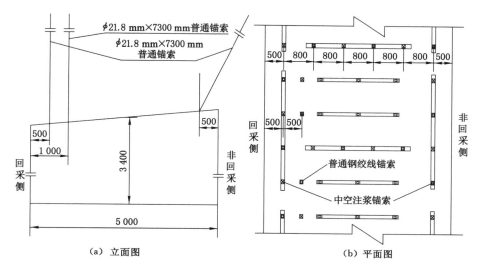

（a）立面图   （b）平面图

图 5-4 顶板加固示意图

5.1.3.2 留巷非回采帮加固

采前非回采侧煤帮采用 3 道走向锚索梁交错布置进行加固。每 3 排布置 1
套规格为 $\phi22\text{ mm}\times5\,200\text{ mm}$ 的锚索梁,分别距底板 400 mm、1 200 mm 和
2 500 mm。中空注浆锚索和普通钢绞线锚索交替使用。注浆锚索和普通锚索
均成五花眼状布置。锚索超前回采工作面 200 m 施工。

5.1.4 留巷效果及矿压监测

5.1.4.1 巷道表面收敛

1252(1)工作面轨道平巷围岩变形曲线如图 5-5 所示。

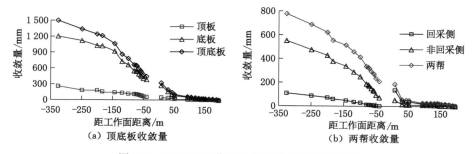

（a）顶底板收敛量   （b）两帮收敛量

图 5-5 1252(1)工作面轨道平巷围岩变形曲线

由图 5-5 可得:

① 整个回采和留巷过程中顶板基本保持稳定，累计下沉量小于300 mm，但底鼓量大，达到1 200 mm，占顶底板移近总量1 500 mm的88%，留巷期间进行了数次卧底，卧底量为1～1.5 m。

② 采前两帮煤壁的位移量和位移速度基本一致。留巷后充填墙体的位移量为150 mm左右，主要为墙体外层浅部的变形和破坏所致。但非回采侧煤壁的位移量近600 mm，占两帮累计移近量的87%。

③ 围岩变形速度表现出明显的波动性。非回采侧煤帮变形速度在工作面后方50 m范围内不断增高，在50～150 m范围内达到最大，200 m后变形速度趋于稳定；底鼓速度在工作面后方40 m范围内逐渐增高，在40～120 m范围内达到最大，250 m后变形速度趋于稳定。

5.1.4.2 顶板和非回采侧煤体离层及深部位移量

1252(1)工作面平巷巷道围岩离层量变化曲线如图5-6所示。

由图5-6可得：

① 留巷顶板2 m内离层40 mm，占10 m范围内总体离层量的29%；2～4.8 m内离层60 mm，占总体离层量的44%；4.8～8 m内离层为30 mm，占总体离层量的22%；8～10 m内离层10 mm，占总体离层量的5.0%。

② 非回采侧煤帮1.5 m内位移量200 mm，占9 m范围内离层总量的71%，这说明非回采侧煤帮大部分离层出现在锚杆的自由锚固范围内，锚杆支护强度偏低，没有有效控制围岩浅部离层变形。锚杆锚固基点与锚索锚固基点间离层为50 mm，占离层总量的17%；锚索锚固基点以外离层为30 mm，占离层总量的12%，这说明后期锚索补强加固设计合理，有效减小了非回采侧煤帮深部离层。

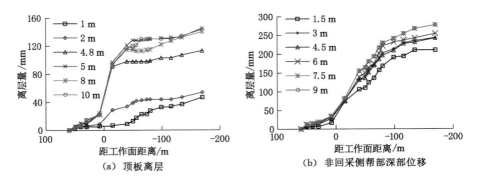

(a) 顶板离层　　　　　　(b) 非回采侧帮部深部位移

图5-6　1252(1)工作面平巷顶板离层变化曲线

5.1.4.3　顶板托锚力演化规律

在整个留巷过程中,采用 YHY60 型测试仪对 2 个断面内 12 根锚杆和 8 根锚索进行了托锚力连续监测,取得有效数据 14 余万组。现对第 1 断面顶板 5 根锚杆和 3 根锚索的监测结果进行分析,$4^{\#}$、$5^{\#}$、$6^{\#}$、$7^{\#}$ 和 $8^{\#}$ 锚杆分别距非回采侧 2.0 m、1.2 m、0.4 m、2.5 m 和 4.1 m。$7^{\#}$ 锚杆位于巷道顶板正中处;$11^{\#}$ 锚索位于顶板正中处,$2^{\#}$ 和 $10^{\#}$ 锚索与其相距 1.1 m,$2^{\#}$ 位于非回采侧。1252(1) 工作面平巷锚杆、锚索托锚力演化规律如图 5-7 和图 5-8 所示。

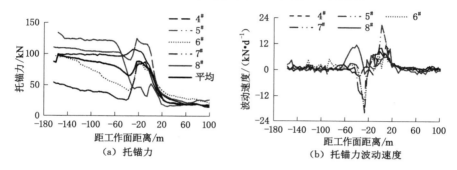

图 5-7　1252(1)工作面平巷锚杆托锚力演化规律

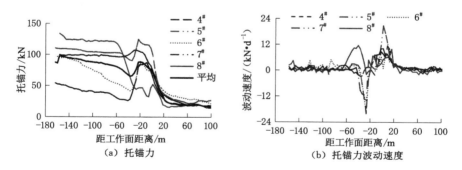

图 5-8　1252(1)工作面平巷锚索托锚力演化规律

由图 5-7 和图 5-8 可得:

① 由于锚杆初始预紧力较低,平均仅为 22.25 kN,采前 20～100 m 范围内托锚力基本保持平稳。当工作面推至离测站 20 m 时,巷道顶板下沉量和离层量显著增加,锚杆的托锚力亦随之快速增加,并在工作面推过 20 m 后达到第一次峰值,平均托锚力为 88.70 kN,然后随着顶板下沉,在工作面后方 38 m 处平均托锚力缓慢下降至最低(65.71 kN),直至留巷稳定。平均托锚力均呈现出增加的规律。至观测结束,锚杆的托锚力为 87.56 kN,远高于初始值,与朱集 1111

(1)轨道平巷 4[#] 锚杆的托锚力相似,7[#] 锚杆的托锚力数值最低。

② 与锚杆托锚力演化规律相似,锚索的托锚力在整个监测过程中也呈现出类似的变化规律。在工作面前方 22 m,锚索托锚力达到第 1 次峰值,平均托锚力为 112.85 kN。锚索托锚力小幅下降后一直保持增长的趋势。但位于巷道顶板正中的 11[#] 锚索由 3 根锚索的最大值 239 kN 瞬降至 90.64 kN。至监测结束,锚索平均托锚力为 112.78 kN。

③ 根据锚杆和锚索平均托锚力以及初始支护、加强支护的材料密度来看,锚杆和锚索的支护密度均为 1.5 根/平方米。顶板支护强度仍能维持在0.3 MPa。

5.1.4.4 留巷效果

1252(1)工作面成功实现了深井沿空留巷无煤柱煤与瓦斯共采。轨道平巷至留巷结束后,顶板保持整体稳定,其累计下沉量为 300 mm。充填墙体位移量小于 150 mm,整体结构完整性好,无开裂、瓦斯泄漏等现象。非回采侧煤壁的位移量较大,普遍为 600 mm。留巷稳定后锚固系统的支护强度仍能够达到 0.3 MPa,这表明锚杆与锚索发挥了较好的协同承载效能。1252(1)轨道平巷留巷效果如图 5-9 所示。

5.2 深井静压井硐托锚力长时稳定控制技术应用示例

在中煤集团上海大屯公司徐州分公司孔庄煤矿－1015 水平井底车场开展工程实践研究,整体采用对原支护进行高强预应力锚固的加固技术。在混合井筒落底处的马头门顶板与安全通道和管子道区域采用了对穿锚控制技术,对底板采用了反底拱锚固梁控底技术。

5.2.1 工程概况

孔庄煤矿－1015 水平马头门埋藏深度达到 1 051.5 m。受埋藏深度、原岩应力及围岩岩性、层位影响,永久性巷道及硐室开挖后,围岩变形剧烈,短期内顶板下沉、两帮位移及底板鼓起等四周来压明显,浇筑的混凝土开裂现象严重,这严重威胁矿井的建设进度和井筒安全。

5.2.1.1 工程地质条件

孔庄煤矿Ⅳ水平标高－1 015 m,地面标高＋25 m,埋深超过千米。井底车场区域的岩性基本保持稳定,局部发育小型褶曲和断裂构造;岩性以粉砂岩、泥岩、细砂岩、灰岩、中砂岩为主;岩石整体为单一倾斜构造。地层倾角为 13°。井巷工程开挖后岩体多呈 5～50 cm 厚度的薄层状分布,岩层自稳性能差。孔庄煤

(a) G80（采前380 m）

(b) G42（采前10～70 m）

(c) G41工作面留巷处

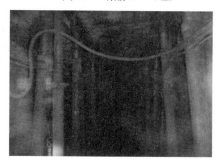
(d) G17（工作面后方250 m处）

图 5-9　1252(1)轨道平巷采前加固及留巷效果

矿－1015 水平综合柱状图如图 5-10 所示。井底车场施工后,开裂变形严重,顶板兜冒,两帮移近 200 mm 以上,底鼓近 1 m。

5.2.1.2　马头门维护的特点与难点

① 工程区域埋藏深度深,原始应力高且构造应力明显。根据第 3 章采用原孔位多次应力解除法测试的应力结果,铅直应力值为 23 MPa;最大水平应力值为 30～33 MPa,其方向为东西向;最小水平主应力值为 15～20 MPa,其方向为南北向;侧压系数为 1.5～2.2.最大水平应力与马头门两帮基本呈垂直形态,不利于围岩稳定。

② 马头门区域井巷断面大,维护难度大。马头门及井底车场区域井巷断面尺寸大(混合井筒净直径 8.1 m,马头门净断面面积 28.57 m²,毛断面更是达到 44.33 m²),安装摇台的巷道帮部高度近 5 m,矿压显现剧烈、持续时间长。

③ 工程岩体内的应力环境复杂。马头门区域各类硐室、通道密集分布。

岩石名称	柱状	均厚/m	岩 性 描 述
砂质泥岩		3.45	黑色,薄层状,含少量粉砂质,平坦状断口和滑面,局部含有黄铁矿结核
粉砂岩		1.95	浅灰绿色、深灰色,薄层状,含少量泥质,呈水平层理、透镜状层理
泥岩		6.55	紫红色,薄层状,具平坦状断口和滑面,具裂隙,半充填方解石
粉砂岩		1.55	浅灰绿色、深灰色,薄层状
泥岩		10.30	灰绿色,薄层状,底部含有植物叶茎化石,底部夹细砂岩薄层,含植物化石
细砂岩		1.15	紫红色,薄层状,含铁、锰等暗色矿物
泥岩		1.60	浅灰色,薄层状,底部夹细砂岩薄层
粉砂岩		1.10	浅灰绿色、深灰色,透镜状层理
泥岩		1.90	灰绿色,薄层状,具平坦状断口和滑面
砂质泥岩		3.95	黑色,薄层状,含少量粉砂质,平坦状断口和滑面,局部含有黄铁矿结核
泥岩		3.40	浅灰色,薄层状,底部含植物叶茎化石

图 5-10 孔庄矿－1015 水平综合柱状图

例如,混合井筒北侧 35 m、南侧 20 m 范围内分布有各类硐室 3 处、行人通道 2 处;混合井筒垂直方向有管子道、安全通道、通风道、装载硐室等。这些硐室的施工持续时间长,工程岩体内的应力经反复扰动后难以平衡,应力环境非常复杂。

④ 底鼓控制难度大。试验区域底板为开放式敞底状况。底板未得到有效控制,鼓起量大,底板局部已经反复进行卧底处理。但混合井筒联结处不可能经受住反复修复,否则会影响结构失衡,对混合井筒的安全造成重大隐患。

⑤ 马头门是矿井生产的瓶颈和咽喉。无论是顶板变形还是底鼓,均对矿井的正常生产带来严重隐患。对马头门若一次加固难以有效,则后期重复治理时矿井必须停产,矿井经济效益将受到严重影响。

5.2.2 加固原则

① 与相似工程比对分析,淮南矿业集团朱集煤矿一水平埋藏深度 930 m,共有主井、副井、风井和混合井筒 4 处马头门。井筒直径分别为 7.6 m、8.2 m、7.5 m 和 8.3 m。井筒落底后,副井、风井马头门矿压显现剧烈,后对顶板采取一梁四锁的加固方式。采用间排距 1.1 m×1.2 m 的锚索梁加固顶板,有效控

制了围岩变形。梁为 11# 矿用工字钢,锚索为 ϕ21.8 mm×6 300 mm 高强度低松弛钢绞线。支护密度为 0.76 根/平方米。该矿实测铅直应力为 19 MPa;最大水平应力为 22 MPa,方位角为 19°;最小水平应力为 17 MPa,方位角 109°;与马头门基本垂直。风井马头门区域底鼓剧烈,1.5 a 内累计卧底量近 2 m。通过采用间排距为 1.2 m×1.2 m 的单体锚索与大托盘治理后,2 a 期内底鼓仍达到 1.2 m,最终采用锚注底拱梁治理,有效治理了底鼓问题。

② 根据马头门区域混凝土的变形、开裂和位移现状,马头门区域的岩层赋存状况,对巷道进行全断面注浆加固是提高围岩完整性和围岩自承性能的首选方案。

③ 单独锚索的承载结构较差,而且矿压显现剧烈时,托盘容易破坏或反曲破坏,顶板半圆拱的形状不具备布置横向锚索梁的可能。采用槽钢并配平钢板托板的方式可形成走向锚索梁承载结构,增加主动支护系统的承载性能。

④ 帮部可采用槽钢、托板、钢绞线和桁架连接器的形式,形成竖向锚索桁架,增加帮部的约束能力,提高对帮部位移的控制效果。也可以在竖向锚索桁架施工完毕后,在两排锚索桁架之间焊接短槽钢或工字钢,形成空间网架。

⑤ 底板采用锚索、注浆锚杆、11# 工字钢和直径 25 mm 钢筋混凝土反底拱的形式进行加固。底板锚索与注浆锚杆间隔布置,形成五花眼形式。

5.2.3　加固方案及参数

马头门加固方案及参数如图 5-11 所示。

(1)马头门先采用厚度 600 mm 的钢筋混凝土及反拱支护方式。采用先底后帮再顶的全断面注浆,以改善围岩力学性能、提高围岩自承能力。注浆参数如下:① 采用 525 硫铝酸盐快硬水泥,水灰比 1︰0.8～1(质量比)。② 采用低压注浆时,底板注浆孔终孔压力 1.5 MPa,帮顶终孔压力 2.0 MPa,中深孔注浆时压力需达到 3.5 MPa。③ 采用深浅孔交替布置形式,排距 1.75～2.0 m;浅孔注浆孔长度 2.4 m,深孔注浆孔长度 3.5 m,底板孔深 2.4 m。④ 封孔材料及长度:可采用快硬水泥或中速树脂药卷封孔,封孔长度 400～500 mm。注浆孔越深、注浆压力越大,封孔长度越长。⑤ 注浆锚杆:可采用外径 22 mm,壁厚 1.8 mm 冷拔无缝钢管制成,外露侧丝扣长度不小于 50 mm。

(2)顶板锚索梁参数如下:① 采用 ϕ21.8 mm×6 300 mm 高强度低松弛预应力钢绞线,间距 1.15 m。② 采用 21.8OVM 高强锁具。③ 采用三支树脂药卷,其规格为 Z2380。④ 梁采用 20# 槽钢。⑤ 锚索垫板采用宽 140 mm、16 mm 厚平钢板,其长度根据槽钢而定。⑥ 锚索预拉力不小于 150～200 kN。⑦ 锚索梁排距 1.2 m,锚索加固密度 0.72 根/平方米。⑧ 采用走向锚索梁,即槽钢与

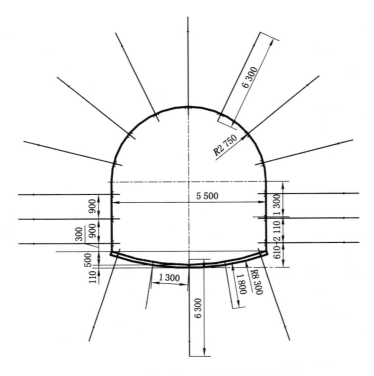

图 5-11　马头门加固方案及参数示意图

巷道轴线方向一致。

　　(3) 帮部竖向桁架锚索梁参数如下：① 采用 ϕ15. 24 mm×7 500 mm 高强度低松弛预应力钢绞线。② 采用 OVM15.8 高强锁具和桁架连接器。③ 采用两支树脂药卷，其规格为 Z2380。④ 梁采用 20$^\#$ 槽钢。⑤ 锚索顶板采用宽 140 mm、16 mm 厚平钢板垫板，其长度与槽钢相同。⑥ 锚索预拉力不小于 120 kN。⑦ 锚索桁架形式为竖向锚索桁架，即槽钢垂直巷道底板。⑧ 锚索桁架排距 800 mm。

　　(4) 底板反底拱锚固梁参数如下：① 底板锚索采用 ϕ21. 8 mm×6 300 mm 高强度低松弛预应力钢绞线，托盘规格为 200 mm×200 mm×15 mm，锚索间距 2 600 mm，排距 800 mm。② 11$^\#$ 工字钢底拱，反拱半径 8 300 mm，每组工字钢反拱上开孔 5 组，孔径 32 mm，孔距 1 300 mm。③ 两排反底拱之间采用直径 25 mm 的钢筋，按 200 mm 间距焊接连接；钢筋共 2 排，分别焊接在 11$^\#$ 工字钢上下两边；地坪浇混凝土，其强度为 C20。

5.2.4　控制效果

在马头门加固过程中,对锚索的托锚力采用 YHY60 型托锚力测力计进行了托锚力及托锚力速度演化规律的监测。马头门南北两侧与管子道和安全通道各设 3 套锚索。数据采集间隔时间为 1 h。累计监测 558 d,取得有效监测数据 17 万余组。锚索托锚力波动速度监测结果如图 5-12 所示。

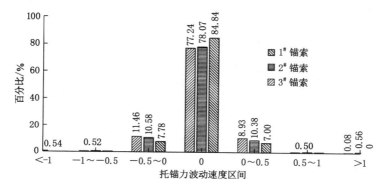

图 5-12　锚索托锚力波动速度监测结果

由图 5-12 可以看出,3 根锚索的托锚力均呈现出了先下降再趋平缓的规律。$1^\#$、$2^\#$ 和 $3^\#$ 锚索的预紧力分别为 15.70 kN、18.07 kN 和 22.94 kN,达到了设计的预紧力要求。至观测最后一组数据,3 根锚索的托锚力分别为 14.60 kN、15.44 kN 和 15.73 kN,预紧力高的锚索最终得到的托锚力也高。

从 3 根锚索的托锚力演化速度来看,$1^\#$ 锚索的最为稳定,$3^\#$ 锚索的次之,$2^\#$ 锚索的波动幅度最大。在监测期间,$3^\#$ 锚索托锚力的最大增加速度分别为 4.32 kN/h、9.60 kN/h 和 8.0 kN/h,其最大减少速度分别为 3.84 kN/h、14.40 kN/h 和 5.23 kN/h,其平均波动速度为 0.14 N/h、−1.86 N/h 和 −1.3 N/h。

$1^\#$、$2^\#$ 和 $3^\#$ 锚索托锚力波动速度为 0 的比例分别为 84.84%、78.07% 和 77.24%;其增速和降速在 0～0.5 N/h 的比例大致相等,在 7%～11% 之间;其余范围所占比例不足 1%。

通过 2 a 的持续矿压监测,−1015 水平混合井筒北侧 35 m、南侧 20 m(共 55 m)范围顶板下沉量、两帮收敛量和底鼓量均小于 5 mm,且基本在加固期间完成 3 个月以内的变形量,其后围岩变形量为 0,这验证了设计方案提出的支护方法在此种条件下的可行性。孔庄煤矿马头门治理效果实照如图 5-13 所示。

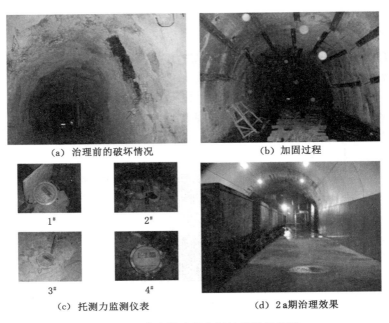

（a）治理前的破坏情况　　　　　　　（b）加固过程

1#　　　　　2#

3#　　　　　4#

（c）托测力监测仪表　　　　　　　　（d）2 a 期治理效果

图 5-13　孔庄煤矿马头门治理效果实照

5.3　深井小煤柱沿空掘巷帮顶协同承载技术应用示例

针对丁集煤矿已经掘出的 1252（1）轨道平巷在回采过程中的顶板托锚力演化规律和巷道变形展开研究。小煤柱宽度为 6 m。回采前对部分断层影响区大流变煤体进行了扩刷。

5.3.1　工程概况

1252（1）工作面标高为 −840～−895 m，走向长度为 1 745～1 822 m，倾斜长度为 208.5 m。工作面地质构造发育程度一般。工作面直接顶为砂质泥岩，局部相变为泥岩；直接底以泥岩为主，其次为砂质泥岩。1252（1）工作面采掘布置示意图和钻孔柱状图如图 5-14 所示。

5.3.2　掘进期间强化控制原则

1252（1）工作面轨道平巷为留 6 m 宽的窄小煤柱沿空掘巷巷道。大量研究表明：沿空掘巷在掘巷影响及稳定期内，巷道围岩应力较小，巷道变形并不一定严重。由于上一工作面的回采，煤柱已经由承受高压的弹性区演变为破裂区、塑

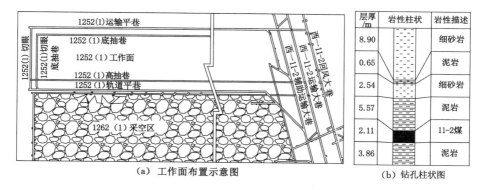

图 5-14　1252(1)工作面采掘布置示意图和钻孔柱状图

性区,本工作面回采时小煤柱的承载性能更趋恶劣,或者发生剧烈位移,更有甚者,煤柱整体失稳。根据锚杆强化控制技术体系(即锚杆支护承载性能强化、巷道破裂煤岩体强度强化和围岩承载结构强化),提出对煤柱沿空掘巷顶板初始支护强度应达到 0.3 MPa。掘进期间强化控制原则如下:

① 控制巷道的形状,保持顶板和小煤柱的整体完整性。提高巷道顶板及两帮的承载能力和完整性。支护形式应具有护顶强、煤柱壁帮稳和及时主动承载、整体性强的特点.特别地,可以采取增加单体支柱进行辅助支撑。

② 从开拓开采布局上,考虑小煤柱的夹持锚固稳定控制技术,可以在开采上一工作面时,对回采巷道的非回采侧预先采用锚索梁加固,沿空掘进本工作面回采巷道时在帮部再进行一道或两道锚索梁的加固,使煤柱两侧的预应力支护均能够有效发挥锚固作用,对煤柱形成夹持锚效应。

③ 采用小煤柱的注浆加固技术。由于未受采动影响的实体煤因裂隙发育不完全,普遍水泥浆液难以对煤体有效加固,但经受采动的小煤柱内多呈松弛状态,在对巷道表面进行喷浆后可进行注浆加固。优先考虑化学注浆材料。

④ 采用小煤柱稳定性的监测技术。为防止小煤柱的突然失稳,应加强对煤柱松弛、位移及煤体内应力演化的规律等的监测。根据反馈的信息及时对煤柱进行补强加固。

5.3.3　围岩支护方案及参数

1252(1)工作面轨道平巷采用与 1262(1)采空区留设 6 m 小煤柱沿空掘巷方式,巷道断面为矩形,其尺寸为 5.5 m(宽)×3.4 m(高)。采用锚梁网支护。1252(1)轨道平巷支护参数如图 5-15 所示。

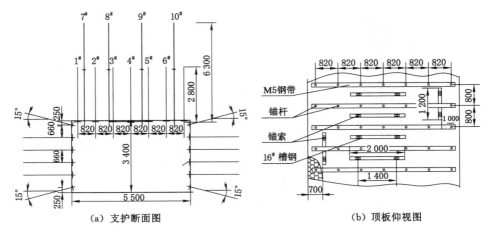

图 5-15 1252(1)轨道平巷支护参数

① 巷道顶板采用 7 根 HRB400 级左旋无纵筋高强螺纹钢预拉力锚杆、M5 型钢带、8# 金属网联合支护。锚杆规格为 ϕ22 mm×2 800 mm。每根锚杆配套 ϕ28 mm 钻孔、2 节 Z2380 型中速树脂药卷加长锚固。锚杆间排距为 820 mm 和 800 mm。锚杆预紧力为 60～80 kN,其锚固力不低于 120 kN。

② 在顶板每排锚杆之间布置一套两眼锚索梁。锚索梁采用 2 m 长,16# 轻型槽钢。锚索间距为 1.4 m。锚索与顶板垂直。钢绞线规格为 ϕ21.8 mm× 6 300 mm。每根锚索均采用 3 节 Z2380 中速树脂药卷加长锚固,以保证锚固效果。锚索预紧力为 80～100 kN,锚索锚固力不低于 200 kN。顶板锚索梁紧跟迎头施工。

③ 在巷道顶板距回采侧 1 m 和非回采侧 0.7 m 各布置一套高预应力走向锚索梁。锚索梁采用 2.0 m 长,16# 轻型槽钢。锚索间距为 0.8 m。钢绞线规格为 ϕ21.8 mm×6 300 mm。锚索的预紧力为 80～100 kN,其锚固力不低于 200 kN。滞后迎头不得超过 50 m。

④ 巷道两帮每排 6 根规格为 M22-22-2500 的超高强预拉力锚杆,帮部锚杆间距为 660 mm;排距均为 800 mm。

5.3.4 围岩控制效果

回采期间针对 1252(1)工作面轨道平巷的围岩收敛量、采动应力增量和托锚力等参数进行了联合监测,其结果如图 5-16 所示。

5.3.4.1 巷道表面收敛规律

通过在 1252(1)轨道平巷按 50 m 间隔,共计 8 个断面的巷道在回采期间的

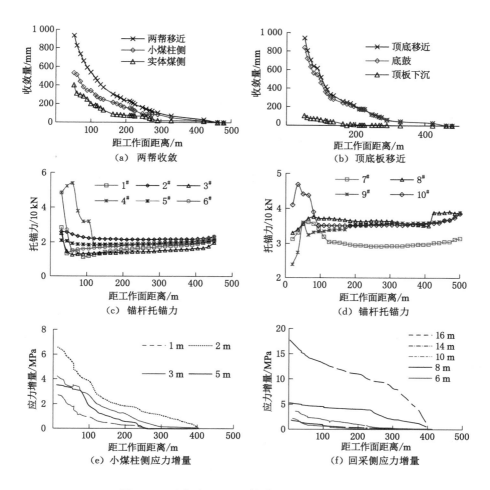

图 5-16　丁集矿 1252(1)轨道平巷矿压监测结果

表面收敛量进行监测后,以非断层区域的 8# 典型测站为例,说明围岩收敛规律。从图 5-16 中可以得出:

① 巷道围岩按照距工作面的距离可以划分为 3 个区域,即 300 m 以外的非采动影响区、300～100 m 的采动影响区和小于 100 m 的剧烈采动影响区。

② 两帮移近区域、小煤柱侧和回采侧在 3 个区域的累计变形量分别为 104 mm、84 mm 和 20 mm;540 mm、240 mm 和 200 mm;936 mm、534 mm 和 402 mm。小煤柱侧的位移量大于实体煤侧的位移量,是实体煤侧位移量的 1.33～4.2 倍,占两帮总移近量的 60% 左右。

③ 顶底板移近、顶板下沉和底鼓在 3 个区域的累计变形量分别为 61 mm、3 mm 和 58 mm；333 mm、40 mm 和 293 mm；930 mm、93 mm 和 837 mm。由于底板为自由面，未进行加固处理，底鼓量占顶底板移近量的 85%～95%。

至采前两帮宽度维护在 4.3 m 左右，卧底后巷道高度为 2.8 m，巷道面积为 12 m²，两帮未进行扩刷，能够满足综合机械化采煤的要求。

5.3.4.2 顶板托锚力演化规律

由于研究 1252(1)轨道平巷支护效果时，回采巷道工程已经完成结束。安设的锚杆、锚索在原有巷道的两排锚杆之间重新施工。共设置 S90、S95 两个断面。初始的预紧力为正常设计值的一半。实测托锚力的 2 倍值为无测试地段的真实托锚力大小。各测力计的编号如图 5-16 所示。现以 S90 断面测站为例分析采动过程中托锚力的演化规律。

① 在超前采煤工作面 100 m 之前（对应顶板下沉剧烈影响区），锚杆与锚索托锚力与初始托锚力基本保持一致，在较小幅度范围内略有增加或降低。

② 在顶板下沉剧烈影响区内，锚杆与锚索托锚力波动幅度明显增大。锚杆载荷明显增加，顶板锚杆中以巷道正中的 4# 锚杆和靠近非回采帮顶板的 6# 锚杆载荷增长最快，由 20 kN 分别增长至 55 kN 和 50 kN。但 4# 锚杆载荷达到 55 kN 后出现了下降情况，其载荷终值为 48 kN；其余锚杆载荷则均为增加趋势。测试的锚杆平均托锚力为 30 kN。若考虑加固因素，则锚杆平均托锚力实际情况应为 60 kN。

③ 锚索托锚力在下沉剧烈影响区内增加趋势很明显。但在采煤工作面前方 50～60 m 范围内，锚索托锚力均出现了大幅下降，残余平均托锚力仅为 32.5 kN，与锚杆托锚力近似相等。回采侧顶板的 10# 锚索托锚力数值最高，小煤柱侧的次之，顶板正中锚索的最低。这与朱集 1111(1)轨道平巷锚杆、锚索托锚力测试状况甚至一致。

5.3.4.3 煤层平面支承压力演化规律

（1）沿工作面推进方向上支承压力增量场分布特征

① 在非采动影响区，超前工作面 350 m 以外，除回采侧 16 m 钻孔应力计外，应力增量普遍小于 1.0 MPa。② 在采动影响区，超前工作面 100～300 m 范围内，应力增量在 1～4 MPa 之间变化，且随着向工作面靠近应力增量逐渐增大，但其增长速度逐渐平缓。③ 在剧烈采动影响区，距离工作面 100 m 范围内，应力增量在 4～7.5 MPa 之间。

（2）沿煤层倾斜方向上的应力分布规律

① 与工作面距离相同沿煤层倾斜方向上，不同深度处应力增量值存在明显的差异。在同一剖面上回采侧和小煤柱侧均存在应力增量自巷道帮部向煤体深

处逐渐增大的现象。② 小煤柱侧煤体深部应力增量达到 6 MPa,巷道帮部应力增量为 2 MPa,深部应力是浅部应力的 3 倍。③ 回采侧煤体深部应力增量达到 7.5 MPa,巷道帮部应力增量仅为 1.9 MPa,深部应力是浅部应力的 4 倍左右。

根据 3.2 节采动附加应力场对煤帮锚固作用范围影响的研究结果,虽然该巷道两帮的锚固作用范围均为 2.5 m,但煤体侧 2 m 深度处应力增量最大,至回采结束时达到 6.6 MPa;而回采侧应力增量小于 1 MPa,回采侧煤体 16 m 深度处垂直应力增量达到 17.8 MPa。1252(1)轨道平巷在回采过程中围岩控制效果实照如图 5-17 所示。

(a) 采前500 m　　　　　　　　　　(b) 采前50 m

图 5-17　1252(1)轨道平巷围岩控制效果实照

5.4　本 章 小 结

根据预应力锚固协同承载机理和锚杆强化控制技术体系,针对深部煤矿开采的无煤柱沿空留巷和小煤柱沿空掘巷以及千米深井马头门围岩稳定等工程对象,研制了支护方案并确定了技术参数,通过巷道围岩收敛量、顶板离层量、应力监测和锚固系统托锚力的持续监测,验证了在相关技术在工业性推广试验中的可靠性。预应力锚固托锚力发生波动的根本原因为采动引起的支承压力的扰动。在托锚力与支承压力的相互适应、调整和重新稳定的过程中,虽然巷道围岩变形剧烈,但各项工程的顶板岩层最大下沉量小于 200 mm,为顶板安全构筑了保障因素。若不受动压影响,参照孔庄煤矿马头门的监测结果,托锚力能够在 2 a 期内基本保持在设计的工作载荷状态上,并且围岩的变形量小于 5 mm。

参 考 文 献

[1] 安百富.固体密实充填回收房式煤柱围岩稳定性控制研究[D].徐州:中国矿业大学,2016.

[2] 苗琦,孟刚,陈敏,等.我国煤炭资源可供性分析及保障研究[J].能源与环境,2020,1(2):6-8,23.

[3] 梁宇生.煤炭地下开采与地面典型土地资源保护的冲突及协调研究[D].北京:中国矿业大学(北京),2020.

[4] 徐学野.浅谈我国煤矿地下开采技术的现状与发展策略[J].科技资讯,2019,17(17):45-46.

[5] 侯朝炯,郭宏亮.我国煤巷锚杆支护技术的发展方向[J].煤炭学报,1996(2):113-118.

[6] 姚直书,王晓云,王要平,等.煤矿 TBM 掘进巷道围岩时效变形分析及支护参数优化研究[J].煤炭工程,2022,54(7):31-37.

[7] 陈庆港,左宇军,林健云,等.互层岩体中巷道顶板应力分布及破坏特征研究[J].地下空间与工程学报,2022,18(2):513-521.

[8] 中华人民共和国国家质量监督检验总局、中华人民共和国建设部.锚杆喷射混凝土支护技术规范:GB 50086—2001[S].北京:中国计划出版社,2004.

[9] 陆士良.锚杆锚固力及锚固技术[M].北京:煤炭工业出版社,1998.

[10] 陆士良,孙永联,鲁庆明,等.软岩动压巷道的锚注支护[J].中国煤炭,1995,21(4):20-23.

[11] 谭欢.锚杆荷载传递过程中界面法向应力的研究[D].淮南:安徽理工大学,2018.

[12] 王泰恒.预应力锚固技术基本理论与实践[M].北京:中国水利水电出版社,2007.

[13] 程良奎,范景伦,韩军,等.岩土锚固[M].北京:中国建筑工业出版社,2003.

[14] 赵长海.预应力锚固技术[M].北京:中国水利水电出版社,2001.

[15] 杜佶峥,苗子臻,邱浩然.岩土锚固理论研究现状与发展[J].工业技术创

新，2016,3(4)：635-638.

[16] 杜佶峥,苗子臻,邱浩然.岩土锚固理论研究现状与发展[J].工业技术创新，2016,3(4)：635-638.

[17] 彭振斌.锚固工程设计计算与施工[M].武汉:中国地质大学出版社,1997.

[18] LUTZ L, GERGELEY P. Mechanics of bond and slip of deformed bars in concrete[J]. Journal of American Concrete Institute. 1967，64（11）：711-721.

[19] HANSON N W. Influence of surface roughness of prestressing strand on bond performance[J]. PCI Journal,1969,14(1):32-45.

[20] GOTO Y. Cracks formed in concrete around deformed tension bars[J]. Journal of American Concrete Institute,1971,68(4):244-251.

[21] Fuller P,Cox R. Mechanics load transfer from steel tendons of cement based grouted,Fifth Australasian Conference on the Mechanics of structures and Materials[C]. Melbourne:Published by Australasian Institute of Mining and Metallurgy,1995.

[22] 国家安全生产监督管理总局.树脂锚杆 第1部分:锚固剂:MT/T 146.1—2011[S].北京:煤炭工业出版社,2011.

[23] 国家安全生产监督管理总局.树脂锚杆 第2部分:金属杆体及其附件:MT/T 146.2—2011[S].北京:煤炭工业出版社,2011.

[24] 国家经济贸易委员会.水泥锚杆 杆体:MT/T 218—2002[S].北京:煤炭工业出版社,2002.

[25] 国家经济贸易委员会.水泥锚杆 卷式锚固剂:MT/T 219—2002[S].北京:煤炭工业出版社,2002.

[26] 国家发展和改革委员会.矿用锚索:MT/T 942—2005[S] 北京:煤炭工业出版社,2005.

[27] 刘永权,刘新荣,杨忠平,等.不同类型预应力锚索锚固性能现场试验对比研究[J].岩石力学与工程学报,2016,35(2):275-283.

[28] 国家经济贸易委员会.水泥锚杆 卷式锚固剂:MT/T 219—2002[S].北京:煤炭工业出版社,2002.

[29] 黎俊民.大黄山煤矿大跨度切眼锚杆锚索支护技术研究[D].西安:西安科技大学, 2017.

[30] 何满潮,陈上元,郭志飚,等.切顶卸压沿空留巷围岩结构控制及其工程应用[J].中国矿业大学学报,2017,46(5):959-969.

[31] 侯朝炯,勾攀峰.巷道锚杆支护围岩强度强化机理研究[J].岩石力学与工

程学报,2000,19(3):342-345.

[32] 勾攀峰. 巷道锚杆支护提高围岩强度和稳定性的研究[D]. 徐州:中国矿业大学,1998.

[33] 刘长武,褚秀生. 软岩巷道锚注加固原理与应用[M]. 徐州:中国矿业大学出版社,2000.

[34] 董方庭. 巷道围岩松动圈支护理论及应用技术[M]. 北京:煤炭工业出版社,2001.

[35] 李猛,张吉雄,姜海强,等. 固体密实充填采煤覆岩移动弹性地基薄板模型[J]. 煤炭学报,2014,39(12):2369-2373.

[36] FARMER I W. Stress distribution along a resin grouted rock anchor[J]. International Journal of Rock Mechanics and Mining Sciences & Geomechanics Abstracts,1975,12(11):347-351.

[37] FREEMAN T. The behaviour of fully-bonded rock bolts in the Kielder experimental tunnel[J]. Tunnels and Tunnelling International,1978,10(5):37-40.

[38] STILLBORG B. Rofessional users handbook for rock bolting[M]. Germany:Clausthal-Zellerfeld,1994.

[39] BJURSTROM S. Shear strength of hard rock joints reinforced by grouted untentioned bolts[J]. Proceedings of the 3rd International Congress on Rock Mechanics,1974:1194-1999.

[40] HAAS C. Shear Resistance of Rock bolts[J]. Society of Mining Engineers,Transactions,1976,260:32-41.

[41] DIGHT,P M. Improvements to the stability of rock walls in open mines[D]. Australia:Monash University PhD thesis,1982.

[42] 张乐文,汪稔. 岩土锚固理论研究之现状[J]. 岩土力学,2002,23(5):627-631.

[43] EGGER P,PELLET F. behaviour of reinforced jointed models under multiaxial loadings in Rock Joints[J]. Barton & Stephansson,1990,30:157-161.

[44] EGGER P,ZABUSKI L. Behaviou of rough bolted joints in direct shear tests[C]. Proceeding of the 7th ISRM Congress on Rock Mechanics,Aachen,Germany,1991,29:1285-1288.

[45] PELLET F,EGGER P. Analytical model for the mechanical behaviour of bolted rock joints subjected to shearing[J]. Rock Mechanics and Rock

Engineering,1996,29(2):73-97.

[46] LI C,STILLBORG B. Analytical models for rock bolts[J]. International Journal of Rock Mechanics and Mining Sciences,1999,36(8):1013-1029.

[47] HIBINO S, MOTOJIMA M. Effects of rock bolt rock bolting in joint rocks[J]. Proceedings of the International Symposium on Weak Rock, 1981,50:1057-1062.

[48] SCHUBERT P. Tragvermogen edsmortelversetzten Ankers unter auf-gezwungener kluftverschiebung[D]. Australia:Montan-University Leo-ben PhD thesis, 1984.

[49] MCHUGH E,SIGNER S. Roof bolt response to shear stress:laboratory analysis[C]. 18th International Conference on Ground Control in Mining, Morgantown,1998, 60:232-238.

[50] 陈虎,叶义成,胡南燕,等.复合顶板锚杆受力特征及临界长度研究[J].采矿与安全工程学报,2020,37(6):1162-1170.

[51] 尤春安.全长粘结式锚杆的受力分析[J].岩石力学与工程学报,2000,19(3):339-341.

[52] 尤春安,战玉宝.预应力锚索锚固段的应力分布规律及分析[J].岩石力学与工程学报,2005,24(6):925-928.

[53] 刘小斌,李兆锋,泰培,等.拉力型锚杆锚固体应力分布规律的现场试验研究[J].地下空间与工程学报,2021,17(S1):63-70.

[54] 李金华,朱海西,宋涛.预应力锚索内锚固段剪应力分布规律研究[J].西安科技大学学报,2016,36(3):375-379.

[55] 孟祥瑞,张若飞,李英明,等.全长锚固玻璃钢锚杆应力分布规律及 影响因素研究[J].采矿与安全工程学报,2019,36(4):678-684.

[56] 仇跃.全长粘结式锚杆与围岩协同承载机理研究[D].徐州:中国矿业大学,2018.

[57] 周炳生,王保田,梁传扬,等.全长黏结式锚杆锚固段荷载传递特性研究[J].岩石力学与工程学报,2017,36(S2):3774-3780.

[58] 殷齐浩.全长粘结大变形让压锚杆力学特性研究[D].青岛:山东科技大学,2020.

[59] 张根宝.锚固系统的界面特性测试及荷载传递分析[D].长沙:湖南大学,2018.

[60] 邓亮,张传庆,周丽,等.常法向刚度下锚杆杆体-树脂界面剪切力学特性试验研究[J].岩石力学与工程学报,2020,39(11):2254-2263.

[61] 郑卫锋,邵龙潭,贾金青.深基坑预应力锚杆锚固段应力分布规律与应用[J].辽宁工程技术大学学报(自然科学版),2008,27(6):862-865.

[62] 姚强岭,王伟男,孟国胜,等.树脂锚杆不同锚固长度锚固段受力特征试验研究[J].采矿与安全工程学报,2019,36(4):643-649.

[63] 张季如,唐保付.锚杆荷载传递机理分析的双曲函数模型[J].岩土工程学报,2002,24(2):188-192.

[64] 高凤伟.高应力软岩复合顶板回采巷道全锚索支护技术研究[J].煤炭工程,2021,53(8):56-60.

[65] 张国建.巨厚弱胶结覆岩深部开采岩层运动规律及区域性控制研究[D].徐州:中国矿业大学,2020.

[66] 蓝航,陈东科,毛德兵.我国煤矿深部开采现状及灾害防治分析[J].煤炭科学技术,2016,44(1):39-46.

[67] PATERSON M S. Experimental deformation and faulting in wombeyan marble[J]. Geological Society of America Bulletin,1958,69(4):465.

[68] 朱本江.孙村千米深井巷道围岩卸压及锚固控制技术研究与应用[D].徐州:中国矿业大学,2021.

[69] 谢和平,周宏伟,薛东杰,等.煤炭深部开采与极限开采深度的研究与思考[J].煤炭学报,2012,37(4):535-542.

[70] 钱七虎.深部岩体工程响应的特征科学现象及"深部"的界定[J].煤炭学报,2021,46(8):599-701.

[71] 李术才,王汉鹏,钱七虎,等.深部巷道围岩分区破裂化现象现场监测研究[J].岩石力学与工程学报,2008,27(8):1545-1553.

[72] 谢和平."深部岩体力学与开采理论"专辑特邀主编致读者[J].煤炭学报,2021,46(3):699-700.

[73] 邹喜正.关于煤矿巷道矿压显现的极限深度[J].矿山压力与顶板管理.1993,1(2):9-14.

[74] 徐鹏,杨圣奇.复合岩层三轴压缩蠕变力学特性数值模拟研究[J].采矿与安全工程学报,2018,35(1):179-187.

[75] 闫浩,张吉雄,鞠杨,等.上保护层开采下充实率控制裂隙发育规律及瓦斯抽采研究[J].采矿与安全工程学报,2018,35(6):1262-1268.

[76] 杨超,冯振华,王鑫,等.多级时效荷载下双裂隙砂岩变形与破裂特征试验研究[J].岩石力学与工程学报,2017,36(9):2092-2101.

[77] SELLERS E J,KLERCK P. Modelling of the effect of discontinuities on

the extent of the fracture zone surrounding deep tunnels[J]. Tunnelling and Underground Space Technology,2000,15(4):463-469.

[78] 史明将,弓培林,姚春波,等.深部煤巷偏应力场分布特征及围岩控制研究[J].煤炭工程,2022,54(4):122-127.[万方]

[79] 陈炎光,钱鸣高.中国煤矿采场围岩控制[M].徐州:中国矿业大学出版社,1994.

[80] 侯朝炯,郭励生.煤巷锚杆支护[M].徐州:中国矿业大学出版社,1999.

[81] 张农,侯朝炯,王培荣.深井三软煤巷锚杆支护技术研究[J].岩石力学与工程学报,1999,5(4).

[82] 张农,韩昌良,谢正正.煤巷连续梁控顶理论与高效支护技术[J].煤矿开采,2019,1(2):42-49.

[83] 柏建彪,王襄禹,闫帅,等.基于应力场干预的巷道围岩控制技术[J].矿业工程研究,2019,34(2):1-7.

[84] 李学华.综放沿空掘巷围岩稳定控制原理与技术[M].徐州:中国矿业大学出版社,2008.

[85] 康红普,张晓,王东攀,等.无煤柱开采围岩控制技术及应用[J].煤炭学报,2022,47(1):16-44.

[86] 于学馥,郑颖人,刘怀恒,等.地下工程围岩稳定分析[M].北京:煤炭工业出版社,1983.

[87] 蔡美峰.岩石力学与工程[M].北京:科学出版社,2002.

[88] 蔡美峰,乔兰,李华斌.地应力测量原理和技术[M].北京:科学出版社,1995.

[89] 钱鸣高,石平五.矿山压力与岩层控制[M].徐州:中国矿业大学出版社,2003.

[89] 钱鸣高,石平五.矿山压力与岩层控制[M].徐州:中国矿业大学出版社,2004.

[90] LEICHNITZ W. Mechanical properties of rock joints[J]. International Journal of Rock Mechanics and Mining Sciences & Geomechanics Abstracts,1985,22(5):313-321.

[91] 张吉雄,屠世浩,曹亦俊,等.深部煤矿井下智能化分选及就地充填技术研究进展[J].采矿与安全工程学报,2020,37(1):1-10,22.

[92] 鲜学福谭学术.层状岩体破坏机理[M].重庆:重庆大学出版社,1989.

[93] 谭学术,鲜学福,郑道访,等.复合岩体力学理论及其应用[M].北京:煤炭工业出版社,1994.

[94] 钱七虎.中国岩石工程技术的新进展[J].中国工程科学.2010,12(8)：37-48.

[95] 朱浮声,王泳嘉.层状岩体等效模型数值分析[J].东北工学院学报,1992,13(6):533-539.

[96] 朱浮声.岩石的强度理论与本构关系[J].力学与实践.1997,19(5):9-15.

[97] 杨仁树,朱晔,李永亮,等.层状岩体中巷道底板应力分布规律及损伤破坏特征[J].中国矿业大学学报,2020,49(4)：615-626,645.

[98] 王旭一,黄书岭,丁秀丽,等.层状岩体单轴压缩力学特性的非均质层面影响效应研究[J].岩土力学,2021,42(2):581-592.

[99] 张冬冬,智奥龙,李震,等.结构性效应对层状岩体力学特性与破坏特征的影响[J].煤炭科学技术,2022,50(4):124-131.

[100] 杨松林,朱焕春,刘祖德.加锚层状岩体的本构模型[J].岩土工程学报,2001,23(4):427-430.

[101] 闫永杰,翁其能,吴秉其,等.水平层状围岩隧道顶板变形特征及机理分析[J].重庆交通大学学报(自然科学版),2011,30(S1):647-649.

[102] 邓荣贵,付小敏.层状岩体力学特性模拟实验研究[J].实验力学,2011,26(6):721-729.

[103] 杨乐,许年春,谢贵华,等.层状岩体地下洞室的 Cosserat 理论有限元分析[J].岩土力学,2010,31(3):981-985.

[104] 谢飞鸿,孙伟,刘京学.层状复合顶板巷道稳定性分析[J].兰州交通大学学报,2009,28(3):12-16.

[105] 刘立.层状岩体层间力学特性研究[J].西华大学学报(自然科学版),2009,28(6):91-92.

[106] 王佳奇,姚直书,刘小虎,等.深井软岩巷道温压耦合作用下锚固体破坏机理及应用研究[J].煤炭工程,2022,54(7):50-55.

[107] 何杰,吴拥政,付玉凯.冲击载荷下锚杆护表构件力学响应规律研究[J].采矿与安全工程学报,2021,38(3):556-564.

[108] 曹俊才.煤矿巷道预应力锚杆时效支护理论研究[D].徐州:中国矿业大学,2020.

[109] 王志强,苏越,苏泽华,等.外错式区段间相邻巷道锚杆联合支护作用机理研究[J].采矿与安全工程学报,2021,38(1):58-67.

[110] 单仁亮,彭杨皓,孔祥松,等.国内外煤巷支护技术研究进展[J].岩石力学与工程学报,2019,38(12):2377-2403.

[111] ZHU D F,WU Y H,LIU Z H,et al. Failure mechanism and safety con-

trol strategy for laminated roof of wide-span roadway[J]. Engineering Failure Analysis,2020,111:104489.

[112] 龙景奎.深部巷道围岩协同锚固机理研究与应用[D].徐州:中国矿业大学,2015.

[113] 龙景奎.深部巷道围岩协同锚固机理[J].采矿与安全工程学报,2016,33(1):19-26.

[114] 黄庆显.平顶山矿区典型深井巷道围岩内外承载协同控制研究[D].徐州:中国矿业大学,2021.

[115] LIU G,LONG J K,CAI H D,et al. Design method of synergetic support for coal roadway[J]. Procedia Earth and Planetary Science,2009,1(1):524-529.

[116] 何宗礼,陈高君.煤矿深部巷道预应力协同支护技术研究[J].煤炭科学技术,2013,41(3):35-38.

[117] 何满潮,李乾,蔡健,等.兴安煤矿深部返修巷道锚网索耦合支护技术[J].煤炭科学技术,2006,34(12):1-4.

[118] 孙晓明,何满潮.深部开采软岩巷道耦合支护数值模拟研究[J].中国矿业大学学报,2005,34(2):166-169.

[119] 张镇,康红普,王金华.煤巷锚杆-锚索支护的预应力协调作用分析[J].煤炭学报,2010,35(6):881-886.

[120] 李张明,练继建,王生民,等.基于分形维数的锚杆无损检测 BP 神经网络模型[J].天津大学学报,2008,41(9):1120-1123.

[121] 任智敏,李义.基于声波测试的锚杆锚固质量检测信号分析与评价系统实现[J].煤炭学报,2011,36(S1):191-196.

[122] 李义,高国付,赵阳升.基于特征锚杆工作荷载无损检测的巷道围岩稳定性评估初步研究[J].岩石力学与工程学报,2004,23(S2):4893-4897.

[123] 李义,刘海峰,王富春.锚杆锚固状态参数无损检测及其应用[J].岩石力学与工程学报,2004,23(10):1741-1744.

[124] 汪明武,王鹤龄.锚固质量的无损检测技术[J].岩石力学与工程学报,2002,21(1):126-129.

[125] 崔江余,孙雅欣,何存富.全长粘结型树脂锚杆低频超声导波检测应用研究[J].工程力学,2010,27(3):240-245.

[126] 王猛,李义,董嘉.应力波法锚杆锚固质量无损检测现场实验研究[J].煤炭技术,2013,32(1):203-204.

[127] HILL K O,FUJII Y,JOHNSON D C,et al. Photosensitivity in optical

fiber waveguides:application to reflection filter fabrication[J]. Applied Physics Letters,1978,32(10):647-649.

[128] 黄尚廉,梁大巍,骆飞.分布式光纤传感器现状与动向[J].光电工程,1990,17(3):57-62.

[129] HEASLEY K A,DUBANIEWICZ T H,DIMARTINO M D. Development of a fiber optic stress sensor[J]. International Journal of Rock Mechanics and Mining Sciences,1997,34(3/4):66. e1-66. e13.

[130] 冯仁俊,彭文庆,杨义辉.全长锚固锚杆的光纤光栅实验研究[J].矿业工程研究,2009,24(1):39-43.

[131] 柴敬,兰曙光,李继平,等.光纤 Bragg 光栅锚杆应力应变监测系统[J].西安科技大学学报,2005,25(1):1-4.

[132] 信思金,李斯丹,舒丹.光纤 Bragg 光栅传感器在锚固工程中的应用[J].华中科技大学学报(自然科学版),2005,33(3):75-77.

[133] 赵一鸣.煤矿巷道树脂锚固体力学行为及锚杆杆体承载特性研究[D].徐州:中国矿业大学,2012.

[134] 侯朝炯,王襄禹,柏建彪,等.深部巷道围岩稳定性控制的基本理论与技术研究[J].中国矿业大学学报,2021,50(1):1-12.

[135] 张少华,侯朝炯,张益东,等.TSB9 型测力锚杆的研制[J].矿山压力与顶板管理,1998,5(4):33-35.

[136] 赵海云.离层破碎顶板回采巷道锚网索联合支护技术研究[J].能源技术与管理,2014,39(6):10-12.

[137] 鞠文君,孙刘伟,刘少虹,等.冲击地压巷道"卸-支"协同防控理念与实现路径[J].煤炭科学技术,2021,49(4):90-94.

[138] 陈宁宁.光纤布拉格光栅测力锚杆传感特性与测量误差研究[D].徐州:中国矿业大学,2018.

[139] 于斌.高强度锚杆支护技术及在大断面煤巷中的应用[J].煤炭科学技术,2011,39(8):5-8.

[140] 李壮,王俊,宁建国,等.预紧力对锚固体抗动载冲击能力影响的试验研究[J].中国矿业大学学报,2021,50(3):459-468.

[141] 龙景奎,刘玉田,曹佐勇,等.预紧力锚杆协同锚固作用试验研究[J].采矿与安全工程学报,2019,36(4):696-705.

[142] 张农,高明仕.煤巷高强预应力锚杆支护技术及应用[J].中国矿业大学学报,2004,33(5):524-527.

[143] 马连湘.化工设备算图手册[M].北京:化学工业出版社,2003.

［144］何光远.机械工程手册:机械零部件设计卷［M］.北京:机械工业出版社,1996.

［145］李志兵,张农,韩昌良,等.锚固预紧力与预紧力矩相互关系的研究［J］.中国矿业大学学报,2012,41(2):189-193.

［146］王成,杜泽生,李志兵.锚杆初始支护阻力的计算及预测［J］.煤炭学报,2012,37(12):1982-1986.

［147］郑西贵,张农,薛飞.预应力锚杆锚固段应力分布规律及分析［J］.采矿与安全工程学报,2012,29(3):365-370.

［148］COX H L. The elasticity and strength of paper and other fibrous materials［J］.British Journal of Applied Physics,1952,3(3):72-79.

［149］TSAI H C,AROCHO A M,GAUSE L W. Prediction of fiber-matrix interphase properties and their influence on interface stress,displacement and fracture toughness of composite material［J］. Materials Science and Engineering:A,1990,126(1/2):295-304.［LinkOut］

［150］MONETTE L,ANDERSON M P,GREST G S. Effect of interphase modulus and cohesive energy on the critical aspect ratio in short-fibre composites［J］.Journal of Materials Science,1993,28(1):79-99.

［151］KIM J K,MAI Y W. Modelling of stress transfer across the fibre—matrix interface［M］//Numerical Analysis and Modelling of Composite Materials. Dordrecht:Springer Netherlands,1996:287-326.

［152］杨庆生.复合材料细观结构力学与设计［M］.北京:中国铁道出版社,2000.

［153］RANDOLPH M F. The response of flexible piles to lateral loading［J］. Géotechnique,1981,31(2):247-259.

［154］郭强,葛修润,车爱兰.岩体完整性指数与弹性模量之间的关系研究［J］.岩石力学与工程学报,2011,30(2):3914-3919.

［155］杜学领.FLAC3D中Cable数量对锚杆拉拔模拟试验 结果的影响［J］.煤矿安全,2020,51(7):215-220.

［156］杜学领.锚杆拉拔模拟中平衡状态对模拟结果的影响研究［J］.河南理工大学学报(自然科学版),2021,40(3):10-17.

［157］陈育民,徐鼎平.FLAC/FLAC3D基础与工程实例［M］.北京:中国水利水电出版社,2009.

［158］贾喜荣.岩层巷道剪胀锚固理论［C］.第十届全国岩石力学与工程学术大会论文集.2008,92-96.

[159] 余涛,方勇,姚志刚,等.隧道预应力锚杆锚固结构承载效应及围岩力学分析[J].岩土工程学报,2022,44(6):1069-1077.

[160] 何杰,吴拥政,付玉凯.冲击载荷下锚杆护表构件力学响应规律研究[J].采矿与安全工程学报,2021,38(3):556-564.

[161] 中华人民共和国水利部.水工预应力锚固设计规范:SL 212—2012[S].北京:中国水利水电出版社,2012.

[162] 中华人民共和国住房和城乡建设部.岩土锚杆与喷射混凝土支护工程技术规范:GB 50086—2015[S].北京:中国计划出版社,2016.

[163] 国家煤炭工业局.煤矿预应力锚固施工技术规范:MT/T 879—2000[S].北京:煤炭工业出版社,2001.

[164] 中华人民共和国国家发展和改革委员会.水电工程预应力锚固设计规范:DL/T 5176—2003[S].北京:中国电力出版社,2003.

[165] 陈庆港,左宇军,林健云,等.互层岩体中巷道顶板应力分布及破坏特征研究[J].地下空间与工程学报,2022,18(2):513-521.

[166] 郑西贵,张农,袁亮,等.无煤柱分阶段沿空留巷煤与瓦斯共采方法与应用[J].中国矿业大学学报,2012,41(3):390-396.

[167] 王涛,漆寒冬,张德飞,等.考虑应变软化的超千米深井巷道锚杆支护机理研究[J].煤炭技术,2020,39(7):18-20.

[168] 袁亮.深井巷道围岩控制理论及淮南矿区工程实践[M].北京:煤炭工业出版社:2006.

[169] 张红军,李海燕,张太平,等.深部软岩巷道高预应力增阻大变形锚杆研究及工程应用[J].煤炭学报,2019,44(2):409-418.

[170] 郭强.深部煤矿巷道围岩锚杆协同支护研究[D].徐州:中国矿业大学,2019.

[171] 汪荣鑫.数理统计[M].西安:西安交通大学出版社,1986.

[172] 中华人民共和国住房和城乡建设部.工程岩土分级标准[S].北京:中国计划出版社,1995.

[173] 马念杰,曹树刚,官山月.螺纹钢锚杆直径与钻孔直径的合理匹配[J].辽宁工程技术大学学报(自然科学版),2000,19(5):474-477.

[174] 崔希鹏,苏锋,孙魏.基于孔壁形态的锚杆锚固体荷载传递机理及特性分析[J].煤炭科学技术,2021,49(8):96-102.

[175] 郑重远,黄乃炯.树脂锚杆及锚固剂[M].北京:煤炭工业出版社,1983.

[176] 黄明华,赵明华,陈昌富.锚固长度对锚杆受力影响分析及其临界值计算[J].岩土力学,2018,39(11):4033-4041.

［177］张洁,尚岳全,叶彬.锚杆临界锚固长度解析计算[J].岩石力学与工程学报,2005,24(7):1134-1138.

［178］安铁梁.锚杆锚固体疲劳损伤及抗疲劳支护原理[D].徐州:中国矿业大学,2021.

［179］曲光,杨振茂,洪华斌,等.树脂锚杆直径、钻孔直径及锚固长度的合理性分析[J].煤炭科学技术,2000,28(6):50-51.

［180］荣冠,朱焕春,周创兵.螺纹钢与圆钢锚杆工作机理对比试验研究[J].岩石力学与工程学报,2004,23(3):469-475.

［181］张纯如,郑西贵,张农,等.锚杆支护柔性锁紧结构［P］.中国,201220075532.8.2012-9-19.

［182］康红普,张晓,王东攀,等.无煤柱开采围岩控制技术及应用[J].煤炭学报,2022,47(1):16-44.

［183］张农,张志义,季明,等.带筋的高强抗弯 T 型钢带［P］.中国,201120521453.0.2012-8-8.

［184］郑西贵,张农,李贵和,等.锚固支护系统带托盘的高强复合钢带:CN202370556U［P］.2012-08-08.

［185］纪磊,王世平,刘云强.二次采动下沿空留巷围岩支护技术探讨[J].煤炭技术,2020,39(9):15-17.

［186］傅鑫.深井冲击煤层大断面沿空掘巷围岩控制技术研究[D].青岛:山东科技大学,2020.

［187］王磊.破碎顶板巷道注浆锚索加固机理与应用[J].煤炭技术,2022,41(4):28-31.

［188］王晓蕾,熊祖强,袁印,等.破碎围岩无机材料注浆加固机理及其应用研究[J].地下空间与工程学报,2022,18(1):112-119.

［189］张农,韩昌良,李桂臣,等.反馈巷道围岩变形规律的多断面连续观测方法:CN101769708B［P］.2011-07-06.

［190］郑西贵,张农,韩昌良.多断面巷道表面收敛快速观测方法研究[J].中国矿业大学学报,2011,40(5):697-701.

［191］郑西贵,张农,薛俊华,等.一种量测巷道底臌大变形的锚杆及其方法:CN101737070B［P］.2012-05-23.